本书的视频制作得到了"乡村振兴战略下'三农'融合

扫码看视频·病虫害绿色防控系列

桃病虫害绿色防控彩色图谱

全国农业技术推广服务中心　组编

闫文涛　王　丽　主编

中国农业出版社

北　京

前言
PREFACE

　　桃是我国最古老的栽培果树树种之一，有着悠久的栽培历史，也是现今我国重要的经济水果种类之一，栽培面积和产量均居世界首位。2019年种植面积已达89万公顷，产量达1 599.3万吨。其产业在脱贫攻坚、乡村振兴、美丽中国、健康中国建设中发挥了重要作用。

　　近年来随着产业发展和营销模式变化，桃苗木、果品流通范围和频率迅速扩大和提升，病虫传播扩散速度也明显加快，造成的危害已成为威胁和制约产业发展的主要因素之一。同时由于种植面积扩大、品种更替、栽培技术升级等原因，桃病虫种类和危害程度也在逐渐发生变化。为提升桃病虫害绿色防控水平，科学解决生产中病虫害防治难题，使广大果农和农技人员能够做到对病虫快速识别和高效防治，最终实现桃生产由数量型向质量型、安全型转变，我们以"文字＋图片＋短视频"的形式编写了这本《桃病虫害绿色防控彩色图谱》。

　　全书分为病害和虫害两部分，先后介绍了病害28种，虫害43种，每种病虫以图文结合的形式介绍了诊断识别、为害特点、防控适期、防控措施等丰富内容，并精选了病害、虫害及田间操作照片近百余张，配套11个短视频，均为可遇不可求的精品。文字内容力求通俗易懂，便于操作。

　　关于病虫害化学防治农药品种的选择，我们以2019年中华人民共和国国家卫生和健康委员会、农业农村部和国家市场监督管理总局联合发布的《食品安全国家标准 食品中农药最大残留量》(GB 2673—2019) 的要求为参考，但所推荐的农药种类、使用浓度和使用量，受农药产品登记、桃品种、栽培方式、地域生态环境等因素的影响会有一定差异。在实际使用过程中，应以所购买产品的使用说明书为准，或咨询当地技术人员。

本书由中国农业科学院果树研究所和中国农业科学院郑州果树研究所联合主编，在编写过程中得到了河北、山东、河南、辽宁、内蒙古等省和自治区多地基层技术单位和人员的大力支持，在此表示诚挚的谢意。

我国幅员辽阔，桃种植分布广，不同地域之间环境差异大。由于编者的研究工作、生产实践经验及所积累的技术资料还十分有限，书中不免有遗漏和不足之处，恳请有关专家和广大读者批评指正，以便今后不断修改、完善，在此深表谢意。

编　者
2023 年 3 月

目 录
CONTENTS

说明：本书的内容编写和视频制作时间不同步，两者若表述不一致，以文字内容为准。

PART 1

病　　害

桃白纹羽病 ·······························

田间症状 地上部位：发病初期生长较弱，但外观与健康树无异（图1）。待根系大部分受害后表现树势衰弱、叶片萎蔫变黄，早期脱落。枯死前一年病株常结果过多。

　　地下部位：发病开始时细根霉烂，以后扩大到侧根和主根。根表皮上长出水渍状褐色病斑，外表覆有白色绒毛状物，后呈灰色，皮层内有时可见黑色细小的菌核（图2）。当土壤潮湿时，菌丝体可蔓延到地表，呈白色网状。病根皮层极易剥落。由于根系腐烂，极易把病株从土中拔出。感病植株有的很快死亡，有的在年内慢慢枯死，也有的到第2年才枯死。

图1　地上部位症状

图2　根部症状

发生特点

病害类型	真菌性病害
病　原	褐座坚壳菌［*Rosellinia necatrix* (Hartig) Berl］是主要病原物，属子囊菌亚门球壳目座坚壳属 病原菌形态 （引自潘新龙等，2022） a.菌丝　b.根状菌索与黑色近球形菌核 c.具有隔膜和分枝的菌丝　d.分生孢子
越冬场所	病原菌以菌丝体、根状菌索或菌核等随病根在土壤中越冬
传播途径	病原菌主要通过病健根接触、病残体及带菌土壤移动传播，远距离传播主要通过苗木调运
发病原因	5—7月温度高、湿度大、雨量多，有利于病害流行；果园管理不当造成的机械伤和虫伤，特别是根颈处有机械伤口，会加重病害的发生；此外，土壤板结、排水不良、湿度过大、土壤瘠薄、树势衰弱等都会加重病害的发生；产量过高、积水等造成树势弱，根系失去抗性
病害循环	健康苗木　地上部位症状　根部症状　病原菌越冬　分生孢子

防治适期 早春发病前。

防治措施

（1）**果园不要间作感病植物** 如甘薯、马铃薯和大豆等，以防相互传染。

（2）**加强栽培管理** 做好果园排水工作，地下水位高的果园，要挖好排水沟，防止果园积水；有条件时可种植绿肥植物，增施钾肥，优化土壤环境。

（3）**苗木、土壤消毒** 可用2%石灰水、70%甲基硫菌灵可湿性粉剂、50%多菌灵可湿性粉剂800～1 000倍液、0.5%硫酸铜溶液、50%代森铵水剂1 000倍液等浸根10～15分钟，水洗后再进行栽植。常用的土壤消毒剂有：70%甲基硫菌灵可湿性粉剂800倍液、50%苯菌灵可湿性粉剂1 000倍液、1%硫酸铜溶液，以上药剂用量为每株桃树浇灌10千克左右。

（4）**病树治疗** 发现病株应及时切除烂根并挖净，病根集中销毁，然后用1%硫酸铜溶液消毒，外涂伤口保护剂，病树处理后，扒出病根周围的土壤，并换上无病新土，再用50%代森铵水剂500倍液或70%甲基硫菌灵可湿性粉剂1 000倍液浇灌。随后在病株周围挖1米以上的深沟，防止病菌向邻近健株蔓延传播，并及时施肥，如尿素或腐熟人粪尿等，以促使新根发生，迅速恢复树势。

易混淆病害 桃白纹羽病与桃紫纹羽病的症状容易混淆，可从以下几点加以区分：

（1）桃白纹羽病先从小根开始发病，逐渐蔓延至大根，根毛全部死亡；桃紫纹羽病从小根开始逐渐向大根蔓延，病势发展较缓慢。

（2）桃白纹羽病病根上覆盖一层白色绒毛状菌丝层；桃紫纹羽病病根表面被有紫红色绒毛状菌丝层，并有根状菌索，病根的表层和木质部腐烂。

（3）桃白纹羽病6—8月为发病盛期；桃紫纹羽病7—8月是发病盛期。

桃紫纹羽病

田间症状 根部发病先从小根开始，逐渐向侧根和主根蔓延。被害根的表面初期出现黄褐色不规则斑块，随后皮层表面产生紫红色丝网状物，并集结成中央致密、外面疏松的菌索。菌索在根表面蔓延，继而产生紫红色、半球形的菌核；被害根的皮层组织腐朽，与木质部容易脱离（图3）。病根周围的土壤也能见到菌丝块。发病初期，地上部位无明显症状（图4）。

以后，随根部病情发展，枝叶逐渐褪黄，生长缓慢，树势衰退，病株枯死往往需要几年。

图3　根部症状　　　　　　　　　　图4　地上部症状

发生特点

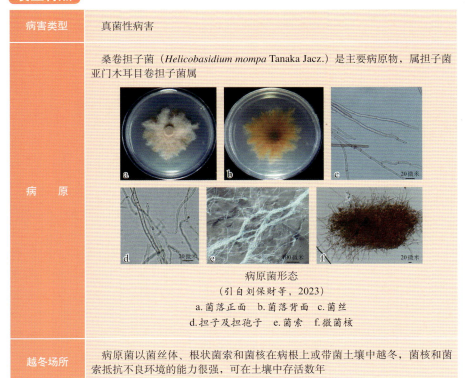

病害类型	真菌性病害
病　原	桑卷担子菌（*Helicobasidium mompa* Tanaka Jacz.）是主要病原物，属担子菌亚门木耳目卷担子菌属 病原菌形态 （引自刘保财等，2023） a.菌落正面　b.菌落背面　c.菌丝 d.担子及担孢子　e.菌索　f.微菌核
越冬场所	病原菌以菌丝体、根状菌索和菌核在病根上或带菌土壤中越冬，菌核和菌索抵抗不良环境的能力很强，可在土壤中存活数年

（续）

传播途径	果园中病原菌主要通过病健根接触传染，病残体及带菌土壤移动传播，灌溉水和农具等也能传病
发病原因	生长势弱、产量过高的树容易发病；排水不良、地下水位高、土壤潮湿、土质黏重、偏酸性的果园易发病；带病刺槐是该病的主要传播媒介，靠近带病刺槐的桃树易发病；生产上栽培管理粗放、杂草丛生的果园易发病，尤其夏秋季进入高温多雨季节，生长势弱的桃树发病重
病害循环	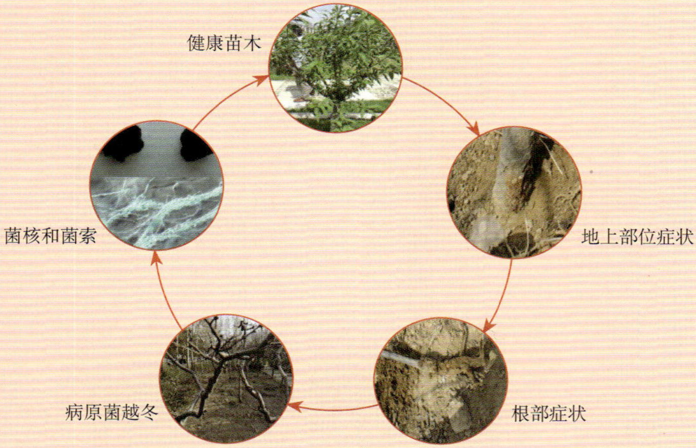

健康苗木

地上部位症状

菌核和菌索

病原菌越冬

根部症状

防治适期 提前预防是关键，早春发病前及时防治。

防治措施

（1）**建园防病** 提倡在未种植过刺槐等感病林木的地块建园，以免病菌相互传播。

（2）**选用无病苗木和苗木消毒** 病菌可随苗木远距离传播，所以起苗、调运苗木时，要严格检疫，剔除病苗，并对健苗进行消毒处理。苗木消毒可用50%甲基硫菌灵可湿性粉剂800～1 000倍液、80%多菌灵可湿性粉剂800～1 000倍液、0.5～1%硫酸铜溶液浸苗10～20分钟。

（3）**加强栽培管理** 增施有机肥及磷、钾肥，改良土壤，低洼积水地注意排水，合理整形修剪，疏花疏果，调节果树负载量，加强对其他病虫害的防治，以增强树体抗病力。

（4）**药剂防治**　对地上部位表现生长不良的果树，秋季应扒土晾根，找出发病部位并仔细清除病根，再用50%代森铵水剂400～500倍液、1%硫酸铜溶液进行伤口消毒，然后涂保护剂波尔多浆等。也可以用50%代森铵水剂150～300倍液、50%氯溴异氰尿酸可溶粉剂1 000倍液或43%戊唑醇悬浮剂2 000～3 000倍液浇灌消毒，后用净土埋好。重病树应尽早挖除。

易混淆病害　桃紫纹羽病与桃白纹羽病的症状容易混淆，区分方法参照桃白纹羽病。

桃树圆斑根腐病 ·········

田间症状　此病在开春果树根部开始萌动后即可在根部为害，但地上部位的症状要到果树萌芽后表现才较为明显。病株地上部位根据症状分为以下几种：

（1）**萎蔫型**　在萌芽后整株或部分枝条生长衰弱，叶簇萎蔫，叶片向上卷缩，形小而色浅，新梢抽生困难，有的甚至花蕾皱缩不能开放。枝条失水，严重时皮层皱缩。

（2）**青干型**　病株叶片骤然失水青干，多数是从叶缘向内发展，早春气温较高时常沿主脉向外扩展，在青干处有红褐色晕带（图5）。

（3）**叶缘焦枯型**病株叶片的尖端或边缘发生焦枯，而中间部分正常。

（4）**枝枯型**　枝条干枯，皮层坏死下陷，易剥离。

图5　叶片青干症状

地下部位症状主要表现为：先是须根、细根变褐坏死，依次向支根、大根蔓延，环绕小根形成坏死根，在较大的根上形成圆形或椭圆形病斑（图6）。随着病斑进一步扩大融合，病根皮层腐烂变黑死亡。在病害发展过程中，病斑的四周也可能形成愈伤组织和再生新根，以致病健组织交错，表面凹凸不平。病害由小根到大根逐渐向上发展，直至根系腐烂，植株死亡。

图6　根部症状

发生特点

病害类型	真菌性病害
病　原	腐皮镰孢菌 [*Fusarium solani* (Mart.) App. et Wollenw]、尖孢镰刀菌（*F. oxysporum* Schlecht）和弯角镰孢菌（*F. camptoceras* Wollenw.et Reink）是主要病原物，均属于半知菌亚门丛梗孢目镰刀菌属 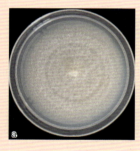 病原菌形态 a.菌落形态　b.分生孢子形态
越冬场所	病原菌均为土壤习居菌或半习居菌，可在土壤中长期营腐生生活，同时也可寄生于寄主植物上
传播途径	病原菌主要通过土壤传播，由伤口侵入

（续）

发病原因	当桃树根系生长衰弱时，病菌侵入根部发病，因此，导致根系生长衰弱的各种因素都是诱发该病害发生的重要条件，如长期干旱缺肥、长期积水、土壤板结、通气不良、土壤盐害等都会导致该病发生。此外，土壤微生物群落的种类及分布对该病的发生起着重要作用
病害循环	

防治适期 提前预防是关键，发现病株及时处理。

防治措施

（1）**选择无病苗木，搞好苗木消毒** 严格检疫，杜绝种苗调运时病原菌随种苗传播，把好健康种苗关口，从源头控制该病的传播。

（2）**加强栽培管理** 增强树势，提高植株抗病能力。使用生物菌肥，改善果园土壤微生物菌群，或者在果园增施有机肥，提倡种植绿肥。培肥地力，改善土壤通透性，增施钾肥，促进根系生长，对桃树圆斑根腐病的发生具有良好的预防作用。配方施肥，氮、磷、钾合理配施，避免偏施氮肥。合理修剪，调节树体结果量，控制大小年结果现象。改善果园排灌设施，做到旱能浇，涝能排。生长季节及时中耕锄草和保墒。改良土壤结构，防止水土流失或盐碱化，有条件的果园可进行深翻。

（3）**病树留园查看与管理** 对发病植株及时采取补救措施。一是剪去已干枯的病枝；二是减少果树结果量，促进根系生长；三是春、秋扒土晾根，可晾至大根，晾根期间避免树穴内灌水或雨淋，晾晒7～10天，同时刮治病部或清除病根，刮除病斑后用生物菌肥或者化学药剂灌根，随后选择无病土壤进行覆盖；四是春季发芽前用氨基酸50倍液涂主枝，生长季节用氨基酸（含有铁、钙及微量元素）200倍液加0.2%磷酸二氢钾、0.2%尿素喷雾，连喷3～4次，促进植株生长与根系愈合。

（4）**药剂灌根**　春、秋季扒土晾根后可用波尔多浆或5波美度石硫合剂、45%晶体石硫合剂30倍液、43%戊唑醇悬浮剂3 000倍液、50%多菌灵可湿性粉剂600倍液灌根，也可在伤口处涂抹50%多菌灵可湿性粉剂600倍液、43%戊唑醇悬浮剂2 000倍液等。

易混淆病害　桃树圆斑根腐病与缺钾症状容易混淆，可从以下几点加以区分：

（1）圆斑根腐病由镰刀菌引起，树上常表现4种症状类型，即萎蔫型、青干型、叶缘焦枯型和枝枯型，以叶缘焦枯型最常见。

（2）圆斑根腐病的叶缘焦枯和植株缺钾的叶缘焦枯表现很相似。感染圆斑根腐病的树，春季不干旱时，病株叶尖和叶片边缘焦枯，叶片中间保持正常，叶片不易脱落。根部先从毛细根侵染，毛细根靠侧根基部侵染后有红褐色稍下陷小圆斑，毛细根靠基部剪断，须根中间导管已发黑。主侧根上有许多圆形小黑点，中间最黑。根部感病严重时，圆形病斑扩大、变褐、腐烂，病根死亡。地上部位整枝整株出现叶尖叶缘焦枯。摇动整树时有固地不牢的感觉。

（3）缺钾引起的叶缘焦枯，其症状是树枝基部叶片由边缘向内失绿，变为黄色并向上卷曲，逐渐焦枯，严重时整叶焦枯，不易脱落。缺钾引起叶缘焦枯的，在秋施基肥和7—8月追肥时增施钾肥。应急时可叶面喷0.5%～1%硫酸钾溶液，也可喷0.3%～0.5%磷酸二氢钾溶液。

桃树根癌病

田间症状　在根部、根颈部或枝干伤口处生大小不一的肿瘤，初为乳白色或稍带红色，球形至扁球形，光滑柔软，后多变不规则形，木质化、坚硬肿瘤，颜色为褐色至深褐色，表面粗糙且凹凸不平（图7～图9）。雨季病瘤吸水后逐渐松软，变褐腐烂发臭。地上部位表现长势弱，叶片黄化，果少质劣，严重时死亡（图10）。

图7　嫁接部位症状

图8　茎基部症状

图9　根部病瘤

图10　地上部位症状

发生特点

病害类型	细菌性病害
病原	根癌土壤杆菌 [*Agrobacterium tumefaciens* (Smith and Townsend) Conn.] 是主要病原物，属革兰氏阴性薄壁菌门根瘤菌目土壤杆菌属。病原菌有三个生物型，桃树根癌病病原菌主要是生物Ⅰ型和Ⅱ型  病原菌菌落形态

（续）

越冬场所	病原菌主要在土壤中和病瘤组织的皮层内存活，一般在病根残体上存活2～3年，病原菌单独在土壤中可存活1年，随病残体分解而死亡
传播途径	病原菌主要靠雨水及灌溉水传播，嫁接工具、机具、蝼蛄、土壤线虫等地下害虫亦能传播。带菌苗木或接穗是远距离传播的重要途径
发病原因	pH 6.2～8.0时，病菌保持致病力，pH大于7的碱性土壤更利于发病；土壤黏重、排水不良的较疏松土壤、排水良好的沙质土壤发病重；根部伤口越多发病越重；一般劈接法比芽接法发病重。农事操作如嫁接、修剪或机械碰伤及冻害严重时易引起病害发生
病害循环	健康苗木　地上部位症状　根部症状　病原菌越冬　病原菌

防治适期　苗木栽植前，发病前。

防治措施

（1）**严格检疫**　桃树根癌病主要通过带病苗木远距离传播，禁止引进病苗和病接穗。如发现带病苗木应彻底剔除销毁。

（2）**挑选园址**　新建园区尽量选择未发生过根癌病的田块。

（3）**合理嫁接**　嫁接桃树时从良种母树的较高部位采取接穗，并用芽接法嫁接，尽量不用劈接法嫁接。嫁接工具用75%酒精浸泡消毒后方可使用。

（4）**苗木消毒**　对可能带病的苗木和接穗，用1%硫酸铜溶液浸5分钟，再放入2%石灰水溶液中浸1～2分钟消毒后再定植。

（5）**加强栽培管理**　适当施用酸性肥料，已建园的可增施有机肥，适当多施草炭土等微酸性肥料。园内低洼处，应合理安排排水管道，避免积水，降低土壤湿度；平地果园要注意雨后排水，降低果园湿度。灌溉时避免大水漫灌，雨季做好防涝排涝工作。农事操作尽量减少伤口，耕作和田间操作时尽量避免伤根或损伤茎蔓基部。注意防寒防冻。

（6）**病树处理**　定期检查，发现病株应立即挖除并销毁。刮除病瘤或清除病株。发现病株时，应扒开根周围土壤，用小刀将病瘤刮除，直至露出无病的木质部，刮除的病残组织应集中销毁，病部涂高浓度石硫合剂或波尔多浆（硫酸铜1份、石灰3份、动物油0.4份、水15份）以保护伤口。对无法治疗的重病株，应及早拔除集中销毁，同时挖除带菌土壤，换上无病新土后再定植。

（7）**生物防治**　利用放射土壤杆菌K84制剂、E26菌株或HLB～2菌株浸根、接穗后定植。

易混淆病害　根癌病与根结线虫的症状容易混淆，可从以下几点加以区分：

（1）根癌病是根癌土壤杆菌造成的病害，根结线虫是一种虫害。

（2）根癌病为害苹果属、梨属、山楂属、李属、蔷薇属、悬钩子属、杨属、胡桃属、板栗属、葡萄属、菊属、铁苋菜属、槭属、猕猴桃属等331个属的640个不同种植物。根结线虫主要分布于瓜类、茄果类、豆类及萝卜、胡萝卜、莴苣、白菜等30多种蔬菜及水果植物根部。

（3）根癌病主要发生于主干基部，也可发生在须根和侧根上。发病部位有圆球形肿瘤，瘤的大小不一，一株上少则几个多则十几个。被害植株树势衰弱、叶片黄化、早落甚至枯死。根结线虫为害后，侧根和须根形成大量瘤状根结，使根系生长不良，发育受阻，侧根、须根短小，输导组织受到破坏，吸水吸肥能力降低。地上部位生长迟缓，植株矮小，萌芽推迟，叶片黄化细小，开花延迟，花蕾少，果实小。

桃树腐烂病 ·········

田间症状　主要为害主干和主枝。发病初期难以发觉，病部树皮稍肿胀，淡褐色，后期病部产生许多明显的突起小粒点，为病菌分生孢子器

（图11）。湿度大时，从分生孢子器上涌出大量红褐色丝状分生孢子角（图12）。当病斑环绕树干、枝条1周时，病部以上整枝枯死。

图11　枝干症状

图12　病部产生分生孢子角

病害类型	真菌性病害
病　　原	核果黑腐皮壳菌 [*Valsa leucostoma*（Pers.）Fr.] 和日本黑腐皮壳菌 [*V. japonica* Miyabe et Hemmi] 是主要病原物，均属子囊菌亚门球壳目黑腐皮壳菌属 病原菌形态 a.菌落形态　b.孢子形态
越冬场所	病原菌以菌丝体和分生孢子器等形态在病组织越冬
传播途径	病原菌主要通过风雨传播
发病原因	冻伤、负载量过大、根部病害等是诱发桃树腐烂病的重要原因。此外，树龄偏大、树势衰弱的果园发病重

（续）

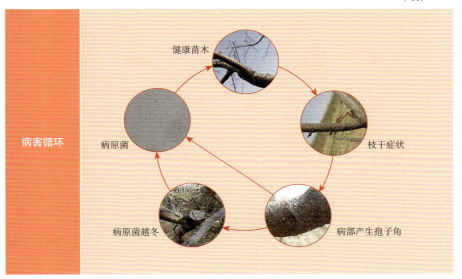

病害循环

健康苗木

枝干症状

病部产生孢子角

病原菌越冬

病原菌

防治适期　春季发现病斑及时防治。

防治措施

（1）**农业防治**　选用优良的抗病、抗虫品种，减少腐烂病菌的入侵，选择适宜当地的桃树品种，是防治腐烂病的基本措施；加强栽培管理，增强树势，提高桃树的抗病能力，合理对树体进行修剪，按照不同时期的需要合理施用肥料，增施有机肥；防治枝干害虫，加强伤口保护，对为害树体的害虫进行铲除，减少虫害产生的伤口，在修剪形成的剪锯口表面及时涂抹保护剂，防止腐烂病菌从伤口侵入；做好清园工作，减少菌源基数，对修剪下来的病枝、刮除的病斑及时清理出园，防止腐烂病菌在病枝、病斑中繁殖引发二次侵染。冬前树干涂白，防止发生冻害。

（2）**生物防治**　据报道生防菌螺旋毛壳菌液、寡雄腐霉菌的培养滤液对腐烂病菌有着很强的抑制作用；从中草药的成分中进行提取并研制相关制剂也是生物防治腐烂病的方法之一，如白头翁提取物对腐烂病菌有很强的抑制作用、中草药虎杖的提取物对腐烂病菌的抑制作用较好。

（3）**药剂防治**　落叶后或发芽前，全园喷3～5波美度石硫合剂或45％晶体石硫合剂30倍液，铲除树体菌源；及时刮除病皮，刮后可用

45%晶体石硫合剂30倍液消毒，再用石硫合剂覆盖保护，也可用1：0.5：100倍量式波尔多液或45%晶体石硫合剂20倍液、70%甲基硫菌灵可湿性粉剂1 000倍液、50%百菌清可湿性粉剂1 500倍液或1.5%噻霉酮水乳剂200～300倍液消毒，随后涂愈合药剂，以免伤口流胶。

易混淆病害 桃树腐烂病与侵染性流胶病的症状容易混淆，可从以下几点加以区分：

（1）腐烂病发病初期症状比较隐蔽，一般表现为病部稍凹陷，外部可见米粒大的流胶，初为黄白色，渐变为褐色、棕褐色至黑色。流胶病初期病部呈灰褐色，并渗出半透明黄褐色的树胶。

（2）腐烂病后期病部产生许多明显的突起小粒点，为病菌分生孢子器。湿度大时，从分生孢子器上涌出大量红褐色丝状分生孢子角。当病斑环绕树干、枝条1周时，病部以上整枝枯死。流胶病后期病部树皮松裂、脱落，木质部显露，周围出现隆起的疤痕，严重时病部扩展引起树干的树皮环状破裂，导致植株死亡。

桃树侵染性流胶病

田间症状 主要为害枝干和果实，枝干受害有2种症状：

（1）**溃疡型流胶** 以主干和三年生以上大枝受害较重（图13）。发病初期，在枝干皮孔附近出现疣状突起，后期隆起开裂，溢出树脂，剖开疱斑，可见皮层变色坏死。最后病部干缩凹陷、皮层开裂，其上散生针头状小黑粒点，即病菌分生孢子器。

桃流胶病

图13　主干症状

（2）**枝枯型流胶**　多为害二至三年生枝（图14）。病斑环绕枝干1周，造成枝枯，并伴有流胶；病斑上产生黑色小粒点，即病菌分生孢子器。

图14　小枝症状

田间两种症状可混合发生。

果实染病，初为褐色腐烂状，其上渐生粒点状物，湿度大时从粒点孔口溢出白色块状物，发生流胶现象，严重影响果实品质和产量。

发生特点

病害类型	真菌性病害
病　　原	多主葡萄座腔菌（*Botryosphaeria ribis* Tode Gross.et Dugg.）和葡萄座腔菌（*B. dothidea*）等是主要病原物，均属子囊菌亚门葡萄座腔菌目葡萄座腔菌属 病原菌形态 a. 菌落形态　b. 孢子形态
越冬场所	病原菌以菌丝体、分生孢子器和子囊壳在病组织中越冬
传播途径	病原菌主要通过风雨传播
发病原因	病害发生的轻重和发病时期与降水量密切相关，阴雨天多，特别是长期干旱后偶降暴雨，会导致桃树侵染性流胶病的暴发。温度决定病害发生时间的早晚，同时和降水量一起影响发病程度，在15℃以上，树体开始流胶或严重流胶，因此高温多雨是桃树侵染性流胶病盛发的重要诱因。树势与发病也有关系，衰弱树一般发病严重，而健壮或过旺树体发病较轻。土壤沙含量多，透气性好，果园不积水，病害较轻

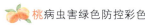
（续）

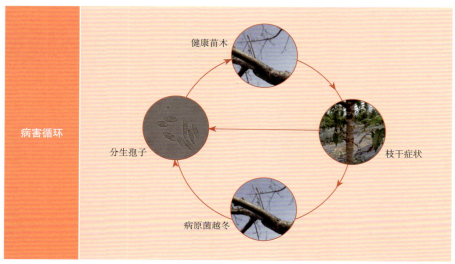

防治适期 发病前或刚发现流胶时及时防治。

防治措施

（1）**农业防治** 要种植抗病品种。由于病原菌是弱寄生菌，只能侵害衰弱植株，一般树龄较大、管理粗放及树势弱的果园，发病较重。因此，有必要加强果园栽培管理，合理追肥、多施有机肥或种植绿肥，改善土壤结构和通气状况，养根壮树，提高树体抗病能力。合理修剪，夏季疏枝，保持果园通风透光，减轻病害发生。如低洼积水地注意排水，盐碱地注意排盐，冬季做好清园工作，收集病死枝干集中销毁；及时防治树干害虫，减少枝干伤口，防止发病。

（2）**生物防治** 桃树萌芽前，可用"抗菌剂402"100倍液涂刷病斑，杀灭越冬病菌，以减少初侵染源。桃树未开花前，刮去胶块，用50亿CFU/克多粘类芽孢杆菌可湿性粉剂1 000 ～ 1 500倍液涂抹。

（3）**药剂防治** 发芽前喷3 ～ 5波美度石硫合剂、45%晶体石硫合剂30倍液，或用20%噻菌铜悬浮剂20倍液涂抹、用生石灰10份＋石硫合剂2份＋食盐1份＋花生油0.3份＋适量水，搅成糊状涂抹也有效果。对较大的修剪伤口可涂蜡或用煤焦油保护。桃树生长期可喷洒50%多菌灵可湿性粉剂800 ～ 1 000倍液或43%戊唑醇悬浮剂4 000 ～ 6 000倍液、10%苯醚甲环唑水分散粒剂 1 500 ～ 2 000 倍液、80%代森锰锌可湿性粉剂 800 倍液、70%丙森锌可湿性粉剂 700 倍液、40%氟硅唑乳油 6 000 ～ 8 000 倍液，间隔期 10 ～ 15 天，交替使用。

易混淆病害 桃树侵染性流胶病与腐烂病的症状容易混淆，具体见桃树腐烂病。

桃树非侵染性流胶病

田间症状 又称生理性流胶病。主要为害主干和主枝丫杈处，小枝条、果实也可被害（图15、图16）。主干和主枝受害，初期病部稍肿胀，早春树液开始流动时，日平均气温 15℃ 左右时开始发病，5月下旬至6月下旬为第一次发病高峰，8—9月为第二次发病高峰，以后随气温下降，逐渐减轻至停止。从病部流出半透明状黄色树胶，尤其雨后流胶现象更为严重。流出的树胶与空气接触，变为红褐色，呈胶冻状，干燥后变为红褐色至茶褐色的坚硬胶块。病部易被腐生菌侵染，使皮层和木质部变褐腐烂，导致树势衰弱，叶片变黄变小，严重时枝干或全株枯死。果实发病，由果核内分泌出黄色胶质，溢出果面，病部硬化，严重时龟裂，不能生长发育，失去食用价值。

图15 主干症状

图16 小枝症状

发生特点

病害类型	非侵染性病害
发病原因	由霜害、冻害、雹害、虫害或机械伤害造成伤口后，可引起流胶。栽培管理不当如修剪过重、结果过多、栽植过深和土壤黏重等引起树体生理失调，会导致非侵染性流胶病发生
发病规律	一般在雨季，特别是长期干旱后偶降暴雨，非侵染性流胶病发生严重。大树比小树发病重。椿象、吉丁虫、介壳虫严重，流胶也重。沙壤土和砾壤土栽培发生少，黏壤土和肥沃土栽培易发生

防治措施

（1）**做好防护工作**　冬春季做好防冻，是防治生理性流胶的重要措施，可采用树干涂白、覆盖保温材料等措施。在日灼严重地区，预防树干被灼伤。

（2）**加强栽培管理，增强树势**　增施有机肥，合理使用氮肥，提倡果园种植绿肥。低洼积水地注意排水，改良排灌条件，调节土壤酸碱度。合理修剪，减少枝干伤口。

（3）**药剂调控**　于花后和新梢生长期各喷1次丁酰肼溶液，浓度为2 000～3 000毫克/千克，抑制桃树生长，或喷0.01%～0.1%矮壮素溶液，以促进枝条早成熟，提高抗性水平。

（4）**预防病虫伤口**　及时防治介壳虫、蚜虫、天牛、吉丁虫等害虫。

（5）**药剂防治**　早春发芽前将流胶部位病组织刮除后，涂抹45%晶体石硫合剂30倍液，再用铅油或煤焦油保护。还可用70%甲基硫菌灵可湿性粉剂800倍液或80%多菌灵可湿性粉剂800～1 000倍液、430克/升戊唑醇悬浮剂5 000～6 000倍液喷雾。

桃树木腐病

田间症状　主要为害大枝树皮，在死树皮或即将死亡的树皮表面、锯口或其他伤口部位长出灰色或灰白色病菌子实体（图17），加速树的衰亡。

桃树木腐病

图17　枝干症状

发生特点

病害类型	真菌性病害
病　原	暗黄层孔菌 [*Fomes fulvus* (Scop.) Gill.]、变色多孔菌 [*Polyporus versicolor*] 和裂褶菌 [*Schizophyllum commune* Fr.] 等是主要病原物，均属担子菌亚门真菌
越冬场所	病原菌在受害枝干的病部越冬，产生子实体或担孢子
传播途径	病原菌主要通过风雨传播
发病原因	修剪等造成的大伤口、虫伤、冻伤、日灼伤或生长不良的枝干均有利于发病；衰弱树、老龄树受害严重

（续）

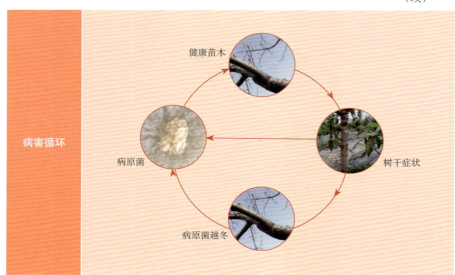

防治适期 发病前或刚发现症状时及时防治。

防治措施

（1）**加强果园管理** 发现病死及衰弱的老树，应及早挖除销毁。采用配方施肥，恢复树势，增强树体抗病力。

（2）**清理病部** 削掉病部病菌子实体、集中销毁。

（3）**处理伤口** 减少树体各种伤口，如桃红颈天牛、吉丁虫等蛀干害虫造成的伤口。锯口可涂硫酸铜消毒后，再涂波尔多浆或煤焦油、愈合剂等保护，以促进伤口愈合，减少病菌侵染。

易混淆病害 桃树木腐病与桃树灰色膏药病的症状容易混淆，可从以下特点加以区分：木腐病发病部位长出灰色或灰白色病菌子实体；灰色膏药病在树皮表面产生膏药状的菌膜，颜色为灰色。

桃树灰色膏药病 ·······················

田间症状 主要为害枝干，病原菌在树皮层或韧皮部寄生，病部长出一层较厚的菌膜，像膏药一样紧贴在树体主干或枝干上，颜色为灰色

（图18）。病原菌能够侵入皮层为害，导致树体生长不良，严重的造成树干枯死。

图18　枝干症状

发生特点

病害类型	真菌性病害	
病　　原	假柄隔担菌（*Septobasidium pseudopedicellatum* Burt.）和柄隔担耳菌 [*S. pedicellatum*（Schw.）Pat.] 等是主要病原物，均属担子菌亚门木耳目隔担子耳属	病原菌菌丝形态
越冬场所	病原菌以菌丝在病枝树皮上越冬	
传播途径	病原菌主要通过风雨传播	
发病原因	该病发生与果园湿度有密切关系，田间湿度大、多雨、多雾、多露或果园密闭，病害发生重	

（续）

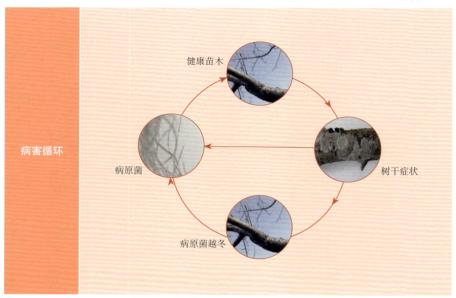

病害循环

健康苗木

病原菌

树干症状

病原菌越冬

防治适期 发病前或刚发现症状时及时防治。

防治措施

（1）**清园** 发现菌膜产生及时刮除。

（2）**预防病虫** 控制介壳虫等害虫。

（3）**药剂防治** 发芽前喷3～5波美度石硫合剂；生长期结合防治其他病害可喷施70%甲基硫菌灵可湿性粉剂800～1 000倍液、10%苯醚甲环唑水分散粒剂1 500～2 000倍液等。

易混淆病害 桃树灰色膏药病与桃树木腐病的症状容易混淆，区分方法见桃树木腐病。

桃树枝枯病 ●●●●●●●●●●●●●●●●●●●●●●●●●●●●●●

田间症状 主要为害枝干，枝条上的芽受侵染后变褐坏死（图19），病部形成褐色的病斑，病斑在嫩枝上扩展，引起嫩枝的枯死，后期嫩枝褪色变白（图20），有时在病斑处产生大量的分生孢子器，潮湿时溢出分生孢子角。剖开受害组织，皮层稍变黄，而包括维管束、木质部和髓部在内的中柱部分变为褐色，且褐色是从中柱部分由外向内逐渐变淡。该病危害严重，受害严重植株的大多数枝条甚至整株枯死（图21）。

图19　芽症状

图20　小枝症状

图21　整枝枯死症状

发生特点

病害类型	真菌性病害
病原	核果果腐拟茎点霉［*Phomopsis amygdali*］是主要病原物，属半知菌亚门球壳目拟茎点霉属 病原菌形态 a.菌落形态　b.分生孢子器
越冬场所	病原菌以菌丝体和分生孢子器在病组织中越冬
传播途径	病原菌主要通过风雨传播
发病原因	高温多雨利于发病；树势与发病也有关系，衰弱树一般发病严重，而健壮或过旺树体发病较轻；果园郁闭，通风不良，利于发病
病害循环	 健康苗木　早期症状　病部产生分生孢子器　病原菌越冬　分生孢子

防治适期　发病前预防，刚发病时及时防治。

防治措施

（1）**加强田间管理**　良好的田园环境对桃树枝枯病具有重要预防作用。在合适的时间对病枝进行修剪并将病残体移出桃园，能够减少翌年该病害的初侵染源，对病害防控具有积极作用。在感染高峰期，对病枝选择性剪除可以在一定程度上降低病害发生率和严重程度。冬剪时适当剪除病枝，有助于减少病菌的侵染。除剪枝外，还需清除田间落叶、枝条、僵果，同时翻耕土壤，消灭越冬菌源。确保桃园排水系统正常，清理过密桃枝，修整树冠，保证通风透光性良好，从而降低桃园病害的发生率。此外，还应做到合理施肥，湿度适宜时，桃拟茎点霉更易侵染含氮量较高的植株，所以需要优化水肥管理，施用腐熟的有机肥，平衡使用氮、磷、钾肥。

（2）**合理选择品种**　田间调查表明桃树枝枯病在不同桃品种上发生差异较大，因此，应因地制宜选用和种植优良及感病性较低品种，如湖景蜜露等，淘汰特别易感品种，如柳条白凤等。

（3）**药剂防治**　萌芽期至开花前进行第一次用药，能有效抑制分生孢子器的产生，并取得较好的防治效果，可在发芽前喷3～5波美度石硫合剂或45%晶体石硫合剂30倍液，如果早期药剂防治错过了初侵染的防治适期，后期药剂防治则难以取得较好的效果。生长期可喷洒43%戊唑醇悬浮剂4 000～6 000倍液、10%苯醚甲环唑水分散粒剂1 500～2 000倍液或40%氟硅唑乳油6 000～8 000倍液，间隔期10～15天，交替使用。另外，有研究表明秋季药剂防治效果大于春季防治，由于秋季不适合病原菌生长，所以病原菌潜伏侵染，病部常不显现症状，同时由于桃果已经采收完毕，人们缺乏应有的重视，因此在秋季落叶期也应喷施上述杀菌剂。

易混淆病害　桃树枝枯病与侵染性流胶病的症状容易混淆，可从以下几点加以区分：

（1）枝枯病病原菌是拟茎点霉属真菌，侵染性流胶病病原菌是葡萄座腔菌属真菌，非侵染性流胶病不是由病原菌引起的。

（2）枝枯病主要表现为病枝变褐色；流胶病典型症状有半透明状黄色树胶流出。

桃树折枝病 ·········

田间症状 主要为害新梢基部。开始发病时，在新梢基部产生褐色至暗褐色油渍状病斑，稍凹陷，病斑迅速扩展，变褐部位很快围绕枝条1周，并向上扩展1～2厘米。病梢叶片下垂、黄化，病枝很快枯死，农事操作或风吹易折断。天气干燥时病斑表面有时产生灰黑色小点，湿度高时病斑形成黄白色的孢子块。在果实上有时也会发病，产生轮纹状湿润褐色病斑，微见轮纹，后期可产生灰黑色小点。

发生特点

病害类型	真菌性病害
病　　原	壳梭孢霉 [*Fusicoccum* sp.] 等是主要病原物，属半知菌亚门壳霉目壳霉属
越冬场所	病原菌以菌丝体和子座在病芽、病枝上越冬
传播途径	病原菌主要通过风雨传播
发病原因	一般河流两侧、排水不良的桃园易发病；5—8月遇高温、高湿时发病严重，树势衰弱或老龄桃树，发病也较重

防治适期 发病前或刚发现症状时及时防治。

防治措施

（1）**农业防治** 桃园增施有机肥，提高树体抗病能力。做好桃园沟系清理工作，做到雨停沟干。桃树生长季节应合理修剪，使桃园通风透光，剪除的病（枯）枝要统一销毁。

（2）**清园** 做好果园清洁工作。

（3）**药剂防治** 萌芽前防治，选用5波美度石硫合剂或45%晶体石硫合剂300倍液全园喷雾防治。落花后15天左右，每隔10～15天全园喷药1次，连喷3～4次。药剂轮换选用70%代森锰锌可湿性粉剂500倍液、70%甲基硫菌灵可湿性粉剂1 000倍液、50%多菌灵可湿性粉剂500倍液。落叶前防治，当年发病严重的桃园，在剪除发病枯死枝条后及雨后，及时全园用药防治，药剂可选用70%甲基硫菌灵可湿性粉剂1 000倍液或50%多菌灵可湿性粉剂500倍液。

易混淆病害　桃树折枝病与桃树枝枯病的症状容易混淆，可从以下特点加以区分：折枝病主要为害新梢基部，产生褐色至暗褐色油渍状病斑，病枝易折断；枝枯病主要表现为病枝变褐色。

桃白粉病

田间症状　主要为害叶片、果实和枝条。叶片发病初期，叶背开始失绿，随后出现白色小粉斑，以后病斑扩大愈合成大粉斑，严重时布满整个叶片（图22）。叶片正面有不规则失绿，严重时出现白粉斑，致叶片凹凸不平（图23）。枝条发病，产生白色粉斑，后期逐渐变为褐色（图24）。果实染病，果面上生有白色粉斑，后期逐渐变褐色，斑凹陷或果实局部硬化（图25）。

桃白粉病

图22　病叶正面白粉病

图23　叶片失绿卷叶

图24　枝条症状

图25　果实症状

发生特点

病害类型	真菌性病害
病原	三指叉丝单囊壳 [*Podosphaera tridatyla* (Wallr.) de Bary] 和毡毛单囊壳 [*Sphaerotheca pannosa* (Wallr.；Fr) Lév.] 是主要病原物，均属子囊菌亚门白粉菌目单囊壳属 病原菌分生孢子形态
越冬场所	在寒冷地区，桃白粉病菌以闭囊壳随病叶和病枝越冬，在温暖地区，则以菌丝体或分生孢子在病枝条上越冬
传播途径	病原菌主要通过风雨传播
发病原因	该病的发生、流行与气候、栽培条件、树势及品种有关。气候干旱、少雨或无雨和气温异常、光照度不足有利于发病。分生孢子萌发的适宜温度是 25～28℃。此外，栽植过密、枝叶繁茂、通风不良时发病重
病害循环	健康苗木 发病叶片卷曲 病部产生分生孢子 病原菌越冬 分生孢子

防治适期 发病前预防，刚发病时及时防治。

防治措施

（1）**加强田间管理**　秋季落叶后要及时清除病落叶，并集中销毁，以减少菌源。修整树冠保证通风透光性良好，从而降低病害的发生率。合理施肥，按需施肥。

（2）**药剂防治**　春季发芽前喷3～5波美度石硫合剂或45%晶体石硫合剂30倍液；花芽膨大期喷0.3波美度石硫合剂，花谢5～7天后为防治病害的关键时期，可选用10%苯醚甲环唑水分散粒剂1 500～2 000倍液、16%氟硅唑水剂2 000～3 000倍液、70%甲基硫菌灵可湿性粉剂1 000～1 200倍液、80%代森锰锌可湿性粉剂800倍液，一般间隔10～15天喷1次，连用2～3次。在抗性不突出的地区也可在发病前或发病初期喷20%三唑酮乳油2 500～3 000倍液，但要注意中华寿桃对三唑酮敏感，易产生药害，不宜使用。

（3）**熏烟防治**　在大棚或日光温室等设施内，按照每667米²用百菌清或乙嘧酚烟雾剂200克点燃防治，一般为发病前或发病初期7～15天1次，发病盛期7～10天1次。

易混淆病害　桃白粉病与桃灰霉病的症状容易混淆，可从以下几点加以区分：

（1）白粉病主要为害叶片、果实和枝条，灰霉病主要为害花和果实。

（2）白粉病为害果实症状主要表现为病部产生白色粉状物质；灰霉病为害果实典型症状是病部长出鼠灰色霉层。

桃细菌性穿孔病 ·····················

田间症状　主要为害叶片，也为害新梢及果实。

叶片受害：发病初期叶片产生水渍状小斑点，逐渐扩大成圆形或不规则圆形紫褐色或褐色病斑，周围有水渍状黄绿色晕环（图26、图27）。天气潮湿时，在病斑的背面常溢出黄白色菌脓，后期病斑干枯，在病、健部交界处产生裂纹，随后病斑干枯脱落形成穿孔。

枝梢染病：枝梢上逐渐出现以皮孔为中心的褐色至紫褐色圆形病斑，稍凹陷。发病严重时植株的一至二年生枝梢在冬季至萌芽前枯死。

果实被害：产生暗紫色圆斑，边缘有油渍状晕环。空气湿度大时病斑上有黄白色黏液，湿度小、气候干燥时病斑发生裂纹（图28、图29）。

图26　叶片发病初期淡色小斑症状

图27　叶片后期穿孔症状

图28　果实发病初期突起症状

图29　果实发病后期疮痂症状

发生特点

病害类型	细菌性病害
病原	甘蓝黑腐黄单胞菌桃穿孔致病型 [*Xanthomonas campestris* pv. *pruni*（Smith）Dye]，属革兰氏阴性薄壁菌门黄单胞菌目黄单胞杆菌属 病原菌菌落形态

（续）

越冬场所	病原菌主要在被害枝条溃疡斑内越冬
传播途径	病原菌主要靠风雨或昆虫传播
发病原因	雨水频繁或多雾季节利于病菌的繁殖和侵染，发病重；树势强发病晚且轻，树势弱发病早且重；果园偏施氮肥、地势低洼、排水不良、通风透光差，发病重；桃树各品种中，一般早熟品种发病轻，晚熟品种发病重
病害循环	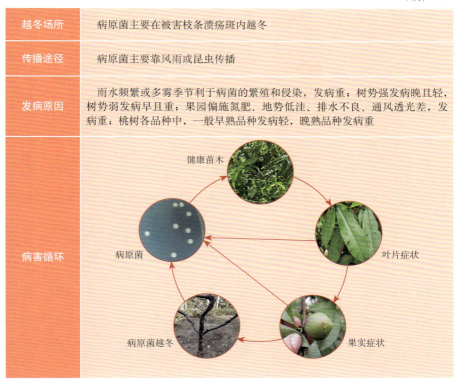

健康苗木

病原菌

病原菌越冬

叶片症状

果实症状

防治适期 提前预防是关键，春季发病前或有少量病叶时，及时喷药。

防治措施

（1）**合理建园**　选择排水良好、通风向阳的地块作为园址，种植密度不宜过大，确保桃树成龄后通风采光条件好，不出现园地积水、通风不畅等现象。病原菌除了侵染桃树，还可能侵害其他核果类果树，所以在进行桃园规划时，应尽量避免与樱桃、杏、李等为邻。如果避免不了，则应在桃园和其他核果类果园中间栽种隔离带，防止交叉感染。

（2）**选择抗病品种**　因地制宜，结合市场需求，选栽抗病性较强的桃品种，降低发病概率。在选择抗病品种时，还要注意综合考虑当地的土壤、气候条件。但有一点要注意，抗病性强的品种一旦暴发病害，病情会更加严重，所以在抗病品种病害防治上不能麻痹大意。

（3）**加强栽培管理**　做好冬季清园，剪除受侵染的枝梢和枯枝，清扫干净地上的落果、落叶及枯草，将其带出桃园，集中销毁。开春后开沟排水，降低桃园湿度。多雾天气或下雨之后要及时巡园，发现病害马上防治。对近年来发过病的树要做好标记，密切观察，重点预防。

（4）**科学施肥** 轻施氮肥，增施生物有机肥，盛果期成龄树株施生物有机肥3～5千克，幼树根据树龄酌情减量。建议施用硫酸钾复合肥，杜绝施用氯基复合肥，根据树龄及复合肥含量高低确定施用量。配施桃树必需的硫、镁、钙等中量元素和铁、钛、锌、硼、铜、锰等微量元素肥料，可以加入生物有机肥，也可以结合喷药喷用。果实采摘后，最晚在桃树落叶前1个月施入上述生物有机肥、复合肥和中微量元素肥料，以补充果实生长耗费的树体养分，增强树势，提高树体抗病性。施肥时，在树冠外缘开挖放射状浅沟或环状浅沟，生物有机肥、复合肥及中微量元素肥料间隔施入，覆土后及时浇水。

（5）**药剂保护** 春季桃树发芽前，喷3～5波美度石硫合剂或45%晶体石硫合剂30倍液或1：1：100倍量式波尔多液，铲除病原菌。发芽后，因为春季溃疡斑是该病的主要初侵染源，所以，这一时期要合理选择农药，可喷3%中生菌素可湿性粉剂1 000倍液或20%噻菌铜悬浮剂500倍液等，套袋后可喷33.5%海正必绿2号（喹啉铜）悬浮剂2 000倍液、50%超铜水溶性粉剂1 500倍液+3%中生菌素可湿性粉剂1 000倍液或50%氯溴异氰尿酸可溶粉剂，每半个月喷1次，根据气候及发病情况连喷2～4次。注意交替用药，喷药量以喷湿叶片而不流滴为度。

易混淆病害 桃细菌性穿孔病与桃霉斑穿孔病、桃褐斑穿孔病的症状容易混淆，主要区别见下表。

病害	叶部发病症状	枝梢发病症状	果实发病症状
桃细菌性穿孔病	病斑部位呈浅褐色至红褐色，有黄绿色晕圈，病斑外围组织不整齐且有坏死部位残留，同时潮湿时叶背面有黄白色菌脓	当年新梢以皮孔为中心形成褐色或紫褐色的稍凹陷圆形溃疡斑	病果果面出现暗紫色圆形中部微凹陷病斑，边缘油渍状晕环，潮湿时出现菌脓，干燥时出现裂纹
桃霉斑穿孔病	叶片染病，初为紫色或紫红色圆形病斑，逐渐扩大为褐色近圆形或不规则形病斑，湿度大时在叶背长出黑色霉状物，以后病部脱落形成穿孔	以芽为中心形成圆形病斑，边缘呈紫黑色，有裂纹和流胶现象	病果上出现紫色圆形病斑

（续）

病　害	叶部发病症状	枝梢发病症状	果实发病症状
桃褐斑穿孔病	叶片染病，初期产生红褐色圆形或近圆形病斑；后期病斑边缘呈紫褐色，并长出灰褐色霉状物，最后病斑边缘逐渐开裂，形成穿孔	以芽为中心形成褐色、凹陷、边缘红褐色的病斑，潮湿情况下有灰褐色霉状物出现	病斑形状与枝梢症状相似，也可产生霉层

桃褐斑穿孔病 ●●●●●●●●●●●●●●●●●●●●●●●●●●●

田间症状　该病主要为害叶片、新梢和果实。叶片染病，产生红褐色圆形或近圆形病斑（图30）；后期病斑边缘呈紫褐色，并长出灰褐色霉状物，最后病斑边缘逐渐开裂，形成穿孔，严重后叶片上布满许多病斑（图31），导致病叶提前脱落。新梢、叶柄、果实染病，症状与叶片初期症状类似。

图30　叶片发病初期

图31　叶片发病后期

发生特点

病害类型	真菌性病害

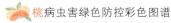

（续）

病　原	核果尾孢菌 [*Pseudocercospora circumscissa*（Sacc）Liu & Guo]，属半知菌亚门丝孢目假尾孢属  病原菌孢子座、分生孢子梗和分生孢子 （引自吕佩珂等，2002）
越冬场所	病原菌主要以菌丝体在病叶或枝梢病组织内越冬
传播途径	病原菌主要靠风雨传播
发病原因	低温多雨有利于病害的发生和流行
病害循环	健康苗木 初期症状 后期症状 病原菌越冬 分生孢子

防治适期 提前预防是关键，发病前或有少量病叶时，及时喷药。

防治措施

（1）**选择抗病品种** 因地制宜，结合市场需求，选栽抗病性较强的桃品种，降低发病概率。

（2）**加强栽培管理**　做好冬季清园，减少越冬病原菌基数。合理密植，科学修剪，使桃园通风透光。轻施氮肥，增施有机肥，科学使用钙、铁、钛、锌、硼、铜、锰等元素肥料和生物有机肥。

（3）**药剂保护**　在桃树发芽前，应全园喷1次3～5波美度石硫合剂或45%晶体石硫合剂30倍液；落花后10天开始喷药，药剂可选用80%代森锰锌可湿性粉剂800倍液、65%代森锌可湿性粉剂500倍液、50%克菌丹可湿性粉剂600倍液、70%丙森锌可湿性粉剂700倍液、50%甲基硫菌灵·硫黄悬浮剂800倍液、75%百菌清可湿性粉剂700～800倍液、70%甲基硫菌灵可湿性粉剂800倍液等，以上药剂可轮换使用，每隔10～15天用药1次。

易混淆病害　桃褐斑穿孔病与桃细菌性穿孔病、桃霉斑穿孔病的症状容易混淆，区分方法见桃细菌性穿孔病。

桃霉斑穿孔病 ·····

田间症状　主要为害叶片和果实。叶片染病，初为紫色或紫红色圆形病斑，逐渐扩大为褐色近圆形或不规则形病斑，湿度大时在叶背长出黑色霉状物，以后病部脱落形成穿孔（图32、图33）。果实染病，果斑小而圆，紫色，突起后变粗糙。花梗染病，导致花未开就干枯脱落。

图32　叶片发病初期

图33　叶片发病后期

发生特点

病害类型	真菌性病害
病　　原	嗜果刀孢霉菌 [*Clasterosporium carpophilum* (Lév.) Ade]，属半知菌亚门丝孢目刀孢属 病原菌分生孢子梗和分生孢子
越冬场所	病原菌主要以菌丝或分生孢子在被害叶、枝梢或芽内越冬
传播途径	病原菌主要靠风雨传播
发病原因	低温多雨有利于病害的发生和流行
病害循环	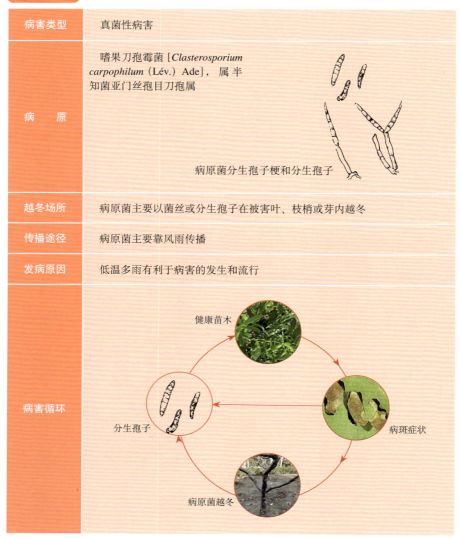 健康苗木　　病斑症状　　病原菌越冬　　分生孢子

防治适期 提前预防是关键，发病前或发病初期及时喷药。

防治措施

（1）**选择抗病品种**　因地制宜，结合市场需求，选栽抗病性较强的桃品种，降低发病概率。

（2）**加强栽培管理**　增强树势，提高抗病力。采用配方施肥技术，增施有机肥，避免偏施氮肥。改良土壤条件，及时排水。合理整形修剪，及时剪除病枝，彻底清除病叶，并集中深埋或销毁，以减少菌源。

（3）**药剂防治**　于早春喷药，隔10天左右喷1次，连续防治3～4次，药剂可选用70%甲基硫菌灵可湿性粉剂800倍液、80%代森锰锌可湿性粉剂800倍液、50%苯菌灵可湿性粉剂800倍液、10%苯醚甲环唑水分散粒剂1 500～2 000倍液和30%碱式硫酸铜悬浮400～500倍液等。提倡保护剂与杀菌剂交替使用或混合使用。

易混淆病害　桃霉斑穿孔病与桃细菌性穿孔病、桃褐斑穿孔病的症状容易混淆，区分方法见桃细菌性穿孔病。

桃树病毒病 ···

田间症状　可以为害叶片、果实、枝条和茎干等部位。桃潜隐花叶类病毒在许多桃树品种上通常没有明显的叶部症状，但带毒桃树生长缓慢，树势衰退，抗性降低，感病品种染病后，在叶片上形成白色或鲜黄色的花叶或印花状病斑，褪绿斑驳或在小叶边缘出现坏死的花叶症状，黄化叶片不变形（图34）。李属坏死环斑病毒在苗圃里引起严重病害，使得树体在花芽期和生长期长势不一致，并且导致花芽和根的死亡。李痘病毒会导致未成熟果实大量脱落。杏假褪绿叶斑病毒主要引起枝条和茎干开裂、凹陷和叶片萎缩坏死、有斑点、叶脉黄化、畸形等症状。李树皮坏死茎纹孔伴随病毒会导致果实变小、变形，表皮褶皱，成熟延迟等症状。

图34　叶片边缘出现花叶症状

发生特点

病害类型	病毒性病害
病　　原	桃潜隐花叶类病毒（*Peach latent mosaic viroid*，PLMVd）、苹果褪绿叶斑病毒（*Apple chlorotic leaf spot virus*，ACLSV）、李属坏死环斑病毒（*Prunus necrotic ring spot virus*，PNRSV）、李痘病毒（*Plum pox virus*，PPV）、李矮缩病毒（*Prune dwraf virus*，PDV）、樱桃绿环斑驳病毒（*Cherry green ring mottle virus*，CCRMV）、杏假褪绿叶斑病毒（*Apricot pseudo-chlorotic lea spot virus*，APCLSV）和李树皮坏死茎纹孔伴随病毒（*Plum bark necrosis stem pitting-associated virus*，PBNSPav）为主要病原物
越冬场所	病原菌主要在患病的活体植株内越冬
传播途径	病原菌可通过嫁接、桃蚜传播
发病原因	未做好苗木和修剪工具的消毒，蚜虫为害严重也会加重病害的发生

防治适期 栽植前及改接品种期间。

防治措施

（1）**种植无病毒的繁殖材料** 无病毒材料获取方式有两种：①热处理，树苗种植在37℃温室中35～45天可脱去感病无性繁殖材料中的病毒。②茎尖嫁接法，切取顶端分生组织，嫁接到健康的苗木上。

（2）**农具消毒** 对剪枝剪、嫁接刀、镰刀等，用75%乙醇、1%甲醛、1%氢氧化钠、5%氯化钠、5%次氯酸钙或5%磷酸钠等消毒液浸渍10分钟，可以有效地灭活刀具上的病毒。

（3）**控制毒源和自然传播介体** 对刚传入本地区的危险性病毒，一经发现应立即拔除病株，清除周围可能感染病毒的杂草。已经大面积发生无法根除的病区应设法隔离，防止通过昆虫或苗木调运向外传播。

（4）**农业防治** 创造不利于病虫害发生的条件，实施测土配方施肥，增施有机肥，合理修剪，合理负载，增强树势，提高抗病力。及时清除病虫枝、枯枝落叶、僵果、病果、老翘皮、树体附着物，将其深埋或销毁。秋冬深翻果园，减少传染源。

易混淆病害 桃树病毒病与桃树缺素病的症状容易混淆，主要区别见下表。

病　害	症　状	发病中心
桃树病毒病	变色，花叶和黄化最为常见；畸形，有矮缩、丛枝、卷叶、蕨叶、束顶、肿瘤等各种症状类型；坏死，感病植物局部细胞和组织坏死，表现坏死斑点	具有传染性，在田间通常具有发病中心
桃树缺素病	叶片失绿、黄化、发红或发紫；组织坏死，出现黑心、枯斑、生长点萎缩或死亡；株型异常，器官畸形，生长发育进程出现延迟或提前等。大部分缺素症都有叶部症状，最易出现的症状是叶色变异。不同症状的出现与所缺营养元素的功能有关。缺乏氮、镁、铁、锰、锌等元素时，植物的叶绿素合成或光合作用受阻，因而叶片出现失绿、黄化现象；缺乏磷、硼等元素，植物体内的糖类运输受阻而滞留于叶片中，从而产生较多的花青素，使叶片呈紫红色斑；氮、磷元素的缺乏会影响细胞生长和分裂，使植株生长滞缓、株形矮小；缺乏钙、硼元素则细胞质膜不易形成，细胞正常的分裂过程受影响，植物生长点经常出现萎缩或死亡；缺硼还会影响作物花粉的发育和花粉管的伸长，使受精过程不能正常进行，产生"花而不实"现象	不具传染性，主要是由土壤缺素诱发的，一般是全园植株均匀发病，不具有发病中心点

桃树黄叶病 ··

田间症状　发病初期新梢上部嫩叶逐渐褪绿黄化，下部老叶表现较为正常（图35）。随后全树新梢顶端嫩叶失绿，叶脉呈浅绿色，叶肉失绿呈黄白色（图36）。发病严重时叶尖、叶缘出现茶褐色坏死斑，最后脱落穿孔（图37、图38）。

图35　叶片发病初期

图36　病叶叶肉失绿黄化、叶脉呈绿色

图37　病树症状

图38　顶部叶色发白

发生特点

病害类型	非侵染性病害
发病原因	（1）铁缺乏引起 （2）土壤中氧气不足　桃树根系呼吸比较活跃，如桃树栽植在较黏重或板结的土壤中，土壤不疏松、透气性差，就会造成氧气不足，桃树根系由于呼吸受阻，从而导致叶片变黄。桃树在生长前期水分过多时，也会造成根系呼吸困难 （3）土壤含盐量过高　重盐碱地种植的桃树经常出现叶片发黄 （4）施肥不当　施氮肥或磷肥过多，也会影响桃树对铁的吸收，从而导致叶片发黄 （5）过重修剪　根冠比不平衡，也可造成桃树叶片发黄 （6）根系有病虫为害 （7）施入未腐熟的有机肥　有的桃园施入未腐熟的有机肥或施肥不均匀，把肥直接施在根系上而把根系烧烂，致使桃树叶发黄

防治措施

（1）**选择适宜土壤栽植桃树**　石灰性强、有机质贫乏、土层较浅、理化性状不良的土壤，不宜栽植桃树。对于碱性土壤，一般在9—10月，增施腐熟农家肥，亩用量5 000千克或果树专用复合肥，亩用量150～200千克。

（2）**叶面喷施铁肥**　桃叶萌发后，可用0.3%～0.4%硫酸亚铁溶液或0.1%～0.2%螯合铁溶液进行叶面喷施，每隔5～7天喷1次，连续喷施2～3次。

（3）**穴施铁肥**　在发病桃树周围挖8～10个小穴，穴深20～30厘米，再用2%硫酸亚铁溶液集中穴施，每棵树施6～7千克即可，若与农家肥混合使用，效果更好。

（4）**埋瓶根浸**　在4月下旬将0.2%～0.3%硫酸亚铁溶液装入玻璃瓶中（容量250～500毫升），挖土露根，将根浸入瓶后重新埋入土中，于秋冬季将瓶取出，每棵桃树埋4个瓶，补铁效果甚佳。

易混淆病害　桃树黄叶病与桃树病毒病症状容易混淆，区分方法见桃树病毒病。

桃褐锈病

田间症状　又名桃树锈病，主要为害叶片，尤其是老叶及成长叶，严重时也可为害新梢和果实。叶片正反两面均可感病，先侵染叶背，后侵染叶面。叶片染病，叶背出现圆形褐色疱疹状小斑点，即病原菌夏孢子堆；夏孢子堆突出于叶表，稍隆起，破裂后散出黄褐色粉末，即夏孢子（图39）。在病斑相应的叶正面，发生红黄色、周缘不明显的病斑（图40）。后期在叶背褐色斑点间即夏孢子堆的中间，出现深栗色或黑褐色斑点，即冬孢子堆。严重时，叶片常枯黄脱落。该病原菌具有转主寄生的特性，其转主寄主为毛茛科的白头翁和唐松草，二者也可受侵染。枝干染病产生淡褐色病斑。果实染病，病斑呈褐色至浓褐色，椭圆形，大小为3～7毫米，病斑中央部稍凹陷，然后病斑向果肉内部纵深发展，并出现深裂纹。

图39　桃褐锈病叶片背面症状

（引自 Pitaksin et al., 2023）

图40　桃褐锈病叶片正面症状

（引自Pitaksin et al., 2023）

发生特点

病害类型	真菌性病害
病　　原	刺李瘤双胞锈菌 [*Tranzschelia pruni-spinosae* (Pers.) Diet.] 和异色瘤双胞锈菌 [*Tranzschelia discolor* (Fuck.) Tranz. et Litw.] 是主要病原物，均属担子菌亚门锈菌目双胞锈菌属 病原菌夏孢子形态 （引自Pitaksin et al., 2023）
越冬场所	病原菌主要以冬孢子在落叶上越冬，也可以菌丝体在白头翁和唐松草的宿根或天葵的病叶上越冬，南方温暖地区则以夏孢子越冬
传播途径	通过风雨传播
发病原因	转主寄主多、果园管理不良、树势差，发病重

（续）

病害循环

健康苗木

桃病叶产生
夏孢子堆

桃病叶后期
产生冬孢子

病原菌越冬

性孢子和
锈孢子寄
生于转主
寄主

防治适期　提前预防是关键。

防治措施

（1）**做好清园工作**　落叶后至发芽前，彻底清除病残体。铲除桃园附近的转主寄主白头翁、唐松草等。

（2）**加强栽培管理**　对于进入结果期的桃园，要做好土肥水管理和细致的整形修剪工作，改善通风透光条件，促进树体生长，增强树体的抗病性。

（3）**药剂防治**　发芽前全园喷施1次3～5波美度石硫合剂，铲除病原菌；生长季节结合防治桃褐腐病和桃疮痂病喷药保护。秋天冬孢子形成期间喷0.5波美度石硫合剂、70%甲基硫菌灵800～1 000倍液或65%代森锌可湿性粉剂500倍液。

桃缩叶病 ·················

田间症状　病原菌主要为害叶片，严重时也能侵染新梢、花和果实。叶片染病，刚抽叶时期表现为卷曲状，颜色发红；展叶后皱缩程度加剧，叶面凹凸不平，先长出的叶片受害较

桃缩叶病

严重，长出迟的叶片则发病较轻（图41）。发病叶片肥大，变厚、变脆，发黄、发红，表面有灰色霉层，失去光合作用，最后病叶变褐，枯焦脱落（图42）。病害流行年份会引起春梢叶片大量早落，削弱树势，不仅影响当年产量，对第二年的产量也有不良影响，严重的甚至导致植株过早衰亡。新梢染病，病部变成灰绿色或黄绿色，节间缩短且略为粗肿、叶片簇生，严重时病梢扭曲，逐渐向下枯死。花和幼果染病，受害后多数脱落，不易觉察。未脱落的病果发育不均，有块状隆起斑，后期病果畸形，果面龟裂，有疮疤，易早期脱落。

图41　叶片初期症状

图42　叶片后期症状

发生特点

病害类型	真菌性病害
病　原	畸形外囊菌 [*Taphrina deformans* (Berk.) Tul.] 是病原物，属子囊菌亚门外囊菌目外囊菌属 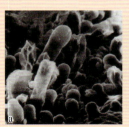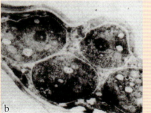 病原菌形态 （引自黄丽丽等，1993） a.突出于寄主叶表的子囊层　b.子囊内形成的子囊孢子

（续）

越冬场所	病原菌以子囊孢子或厚壁芽孢子在桃芽鳞片外表或芽鳞间隙中越冬
传播途径	通过风雨传播
发病原因	春季桃树萌芽期气温低，缩叶病常严重发生；一般早熟品种较中、晚熟品种发病重；夏季高温，不适合孢子萌发，因此缩叶病一年只有 1 次侵染，无再次侵染
病害循环	

防治适期　提前预防是关键。

防治措施

（1）**选择抗病品种**　新建桃园时，提倡栽培高产优质抗病的品种。

（2）**做好清园工作**　落叶后至发芽前，彻底清除病残体。

（3）**加强栽培管理**　对于进入结果期的桃园，要做好土肥水管理和细致的整形修剪工作，改善通风透光条件，促进树体生长，增强树体的抗病性。

（4）**药剂防治**　发芽前全园喷施1次3～5波美度的石硫合剂，铲除树上的病原菌；花芽露红而未展开前是药剂防治的关键时期，全园喷施1次2～3波美度的石硫合剂、70%甲基硫菌灵可湿性粉剂1 000倍液或30%碱式硫酸铜悬浮剂200～300倍液；展叶后至高温干旱天气到来之前，可选用70%代森锰锌可湿性粉剂500倍液、30%苯甲·丙环唑乳油2 000倍液、12.5%腈菌唑乳油2 000倍液、5%井冈霉素水剂500倍液进行喷施。最好在雨后喷药防治。

桃菌核病 ....

田间症状 主要为害花瓣，也可为害叶片。花瓣感病自雄蕊及花瓣开始产生水渍状褐色斑点，而后迅速蔓延至全花，使花变褐枯萎；湿度大时，病花迅速腐烂，花瓣等部位表面产生大量茂密的白色菌丝（图43、图44）。病菌为害叶片时，多从叶片的基部向叶尖发展，偶尔也可从叶尖开始，呈水渍状扩展，随即传染到叶柄上，引起桃树叶片枯萎，悬挂于枝条上长期不落（图45、图46）。

图43 花器腐烂

图44 花瓣和叶片症状

图45 幼果症状

图46 叶片症状

发生特点

病害类型	真菌性病害
病　原	核盘菌［*Sclerotinia sclerotiorum* (Lib.) de Bary］是病原物，属子囊菌亚门柔膜菌目核盘菌属 病原菌形态 a.菌落形态　b.菌核形态
越冬场所	病原菌以菌核在树上或地面上越冬
传播途径	通过风雨传播
发病原因	设施栽培利于发病，花期前后常见的低温、浓雾、高湿条件极有利于该病发生
病害循环	健康苗木 菌核萌发　发病 病原菌越冬

防治适期 提前预防是关键，发病前或发现少量病花时，应摘除病花，及时喷药防治。

防治措施

（1）**做好清园工作**　落叶后至发芽前，彻底清除树上、树下的病僵果，集中销毁；合理修剪，改善果园通风透光条件。

（2）**注意间作植物品种**　该病为害油菜、黄瓜等多种寄主，桃树不要与十字花科蔬菜、瓜类等带菌寄主间作。

（3）**控制湿度**　因该病主要发生在设施栽培桃园，所以保护地应加强防风管理，及时降低棚内湿度。

（4）**药剂防治**　发芽前全园喷施1次3～5波美度的石硫合剂或95%精品索利巴尔100～200倍液，铲除树上的病原菌；花前3～5天开始喷药防病，可用50%异菌脲可湿性粉剂1 000～1 500倍液、70%甲基硫菌灵可湿性粉剂1 000～1 200倍液、80%多菌灵可湿性粉剂800～1 000倍液或40%硫黄·多菌灵悬浮剂400倍液，每隔10天左右防治1次。

易混淆病害　桃菌核病与桃褐腐病的花期症状容易混淆，主要区别见下表。

病　害	发生环境	症　状
桃菌核病	菌核病发生与特殊的生态环境有关，北方日光温室桃树品种，开花前后正处于易发生冻害、冷害阶段，若遇低温，加上棚内高湿、浓雾条件，易导致菌核病发生和流行	感染花瓣，湿度大时，病花迅速腐烂，花瓣等部位表面产生大量茂密的白色菌丝
桃褐腐病	褐腐病不局限于温室环境	感染花瓣，气候潮湿时，病花迅速腐烂，表面产生灰色霉状物

桃疮痂病

田间症状　又称桃树黑星病。该病主要为害果实，也可为害叶片和新梢。果实染病，表面产生暗褐色圆形小点，以后逐渐扩大为直径2～3毫米的斑点，发病严重时病斑相连成片。由于病斑扩展仅限于表皮组织，当病部表皮组织枯死，果肉组织仍可继续生长，引起病斑龟裂，呈疮痂状，上面产生黑色霉层（图47）。新梢染病，病斑初呈浅褐色长圆形病斑，后病斑呈暗褐色，略隆起，病斑处常发生流胶，病健交界处明显（图48）。叶片染病，叶背产生灰绿色不规则形或多角形病斑，后变褐色或紫红色，最后病部干枯脱落形成穿孔，发病严重时可引起落叶（图49）。病菌为害中脉可形成长条状的暗褐色病斑。

图47　果实症状

图48　枝条症状

图49　叶片症状

发生特点

病害类型	真菌性病害
病　　原	嗜果黑星菌（*Venturia carpophilum* Fish.）是主要病原物，属半知菌亚门丝梗孢目黑星菌属 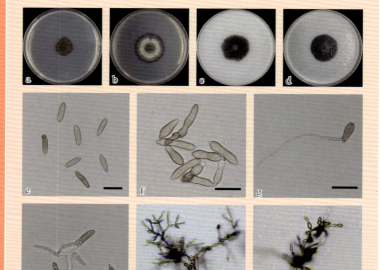 病原菌形态特征 （引自周扬，2021） a～d.PDA、MEA、CMA和OMA平板上培养6周后*Venturia carpophila*菌落形态　e, f.OMA培养基上产生的分生孢子　g, h.分生孢子在WA平板上萌发产生芽管　i, j.在OMA培养基上产生的分生孢子梗 注：图中比例尺e和h为20微米，f为15微米，g为30微米，i, j为60微米。
越冬场所	病原菌主要以菌丝或分生孢子在叶、枝芽内越冬
传播途径	病原菌主要靠风雨传播

（续）

发病原因	多雨潮湿易发病；地势低洼、栽植过密、通风不良发病重；一般情况下，早熟品种发病轻，中晚熟品种发病较重；一般油桃较毛桃品种发病重
病害循环	

防治适期　提前预防是关键，发病前或发病初期及时喷药。

防治措施

（1）**选择抗病（避病）品种**　在发病重的地方，可选栽早熟抗病品种。

（2）**清除初侵染源**　冬季彻底清园，及时清扫发病组织，结合冬剪，去除病果、僵果等病残组织，集中深埋，以减少翌年的初侵染源。生长期剪除病枯枝，做好合理修剪，及时去除患病的枝叶，避免交叉感染，避免树冠郁闭，保持树体良好的通风透光条件。

（3）**加强栽培管理**　合理密植，起垄栽培，垄面覆盖黑色遮阳网，改善果园的通风透光条件；修建排水沟能及时排水，避免雨后园内湿度过高；科学建园，选择地势较高、通气性好的区域作为栽培桃树的首选。保护地桃树要注意放风散湿，露地桃园雨季注意排水，降低桃园湿度。

（4）**果实套袋**　落花3～4周后进行套袋，阻止病菌侵染果实。

（5）**药剂防治**　发芽前喷3～5波美度石硫合剂或45%晶体石硫合剂30倍液。落花后开始喷药，药剂可选用70%代森锰锌可湿性粉剂600～800倍、80%代森锰锌可湿性粉剂800倍液、10%苯醚甲环唑水分散粒剂1 500～2 000倍液、12.5%烯唑醇可湿性粉剂2 000～3 000倍液、

40%氟硅唑乳油8 000 ～ 10 000倍液、16%氟硅唑水剂2 000 ～ 3 000倍液、50%甲基硫菌灵·硫黄悬浮剂800倍液、25%溴菌腈微乳剂1 500 ～ 2 500倍液、65%丁香菌酯·代森联水分散粒剂1 250 ～ 2 500倍液、75%肟菌·戊唑醇水分散粒剂4 000 ～ 6 000倍液等。间隔10 ～ 15天喷1次，依据病害发生情况确定用药次数，采前20天停止喷药。

易混淆病害 桃疮痂病与桃细菌性穿孔病的症状容易混淆，主要区别见下表。

病　害	果实症状	枝条症状	叶片症状
桃疮痂病	果实染病，产生暗褐色圆形小点，以后逐渐扩大为直径2 ～ 3毫米的斑点，发病严重时病斑相连成片。由于病斑扩展仅限于表皮组织，当病部表皮组织枯死，果肉组织仍可继续生长，引起病斑龟裂，呈疮痂状，上面产生黑色霉层	枝梢病斑初呈浅褐色长圆形病斑，后病斑呈暗褐色，略隆起，病斑处常发生流胶，病健交界处明显	叶背产生灰绿色不规则形或多角形病斑，后变褐色或紫红色，最后病部干枯脱落形成穿孔，发病严重时可引起落叶
桃细菌性穿孔病	果实受害，产生暗紫色圆斑，边缘有油渍状晕环。湿度小、气候干燥时病斑发生裂纹	枝梢受害后，树梢上逐渐出现以皮孔为中心的褐色至紫褐色圆形病斑，稍凹陷	发病初期叶片产生水渍状小斑点，后逐渐扩大呈圆形或不规则形紫褐色至褐色斑点，直径为2毫米左右，病斑周围呈水渍状并有黄绿色晕环，后期病斑干枯，脱落穿孔，严重时引起落叶

桃炭疽病

田间症状 该病主要为害果实，也能侵染新梢、叶片。果实染病，在果面上产生水渍状浅褐色小点，随后扩大为红褐色、深褐色圆形或椭圆形凹陷病斑，湿度大时病部产生橘红色小粒点，为病菌分生孢子团（图50、图51），最后病果脱落或挂在树上，逐渐萎缩硬化，形成僵果。新梢染病，初在病枝表面产生暗绿色水渍状长椭圆形病斑，以后逐渐变为中央褐色边缘红褐色的凹陷病斑。在潮湿条件下，病斑表面也长出橘红色黏性小粒点。叶片染病，产生近圆形或不规则淡褐色病斑，病斑边缘与健康组织交界处较明显，后病斑中部呈灰褐色或灰白色，并有橘红色至黑色的小粒点长出。最后病部干枯，脱落，造成叶片穿孔。

图50　果实症状

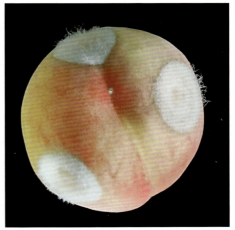

图51　炭疽病菌接种果实症状

发生特点

病害类型	真菌性病害
病　　原	胶孢炭疽菌 [*Colletotrichum gloeosporioides* (Penz.) Sacc.] 和尖孢炭疽菌（*C. acutatum* Simmons）是主要病原物，属半知菌亚门腔孢纲黑盘孢目炭疽菌属 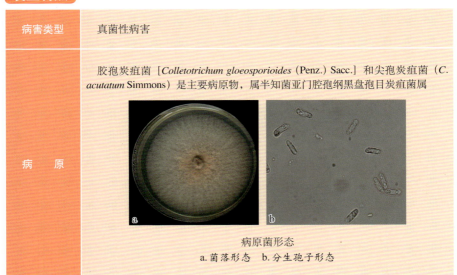 病原菌形态 a.菌落形态　b.分生孢子形态

（续）

越冬场所	病原菌主要以菌丝体在病枝、病果及僵果内越冬
传播途径	病原菌主要靠风雨传播
发病原因	果实成熟前温暖高湿对发病极为有利；一般栽植过密、排水不良的桃园发病重；桃各品种间的感病性存在一定差异，早熟、中熟品种发病重（如早生水蜜桃），晚熟品种发病轻（如玉露、红桃等）
病害循环	

防治适期 提前预防是关键，发病前或发病初期及时喷药。

防治措施

（1）**选择抗病品种** 桃树品种间发病程度有所差异，油桃品种中黄桃金童7号、瑞光18、黄桃920感病严重，金秋红蜜、映霜红、秋彤感病较轻。因地制宜，结合市场需求，选栽抗病性较强的桃品种，降低发病概率。

（2）**加强栽培管理，清除菌源** 注意及时排水，降低果园湿度；生产中增施有机肥，提倡果园生草，合理配比施用氮、磷、钾肥并及时修剪。结合冬季修剪，彻底清除病梢、枯死枝、僵果及地面落果，集中销毁。此外，进行果实套袋对该病也有很好的防治效果。

（3）**药剂防治** 早春桃芽萌动前喷1次45%晶体石硫合剂30倍液加0.3%

五氯酚钠。落花后，喷25％咪鲜胺乳油500～1 000倍液、75％唑醚·甲硫灵可湿性粉剂1 000～1 200倍液、12.5％氟环唑悬浮剂1 500～2 400倍液、50％嘧菌酯悬浮剂1 600～2 000倍液、22.5％啶氧菌酯悬浮剂1 500～2 000倍液，间隔10天左右喷1次，连喷2～3次。需要注意的是嘧菌酯不可与乳油或有机硅类增效剂混合使用。

易混淆病害　桃炭疽病与桃树流胶病的果实症状容易混淆，可从以下症状加以区分：炭疽病感染果实在幼果指头大时就会发病，果实表面初为浅褐色的水渍状斑，后病斑呈现红褐色，萎缩硬化，多形成僵果挂在树上，停止生长，然后形成早期落果。在果实膨大期时，侵染病斑呈现淡褐色，水渍状，并随果实增大而扩大，后期病斑为深褐色，呈现明显凹陷的圆形或椭圆形。被侵染果实除少数干缩残留在树梢上，绝大多数脱落。流胶病感染果实，初为褐色腐烂状，其上渐生粒点状物，湿度大时从粒点孔口溢出白色块状物，发生流胶现象。

桃褐腐病

桃褐腐病

田间症状　主要为害果实、花、叶和枝梢。整个生育期果实均可被害，但以花期和近成熟期至贮藏期受害较重，是发病的2个高峰区间。花器染病，先侵染花瓣和柱头，初生水渍状褐色斑点，后蔓延到萼片和花柄上，导致花变褐枯萎。天气潮湿时，病花迅速腐烂，表面产生灰色霉状物。若天气干燥，病花则干枯萎缩，残留于枝上长久不落。果实染病，初生水渍状褐色圆形病斑，病部果肉变褐腐烂，病斑扩展迅速，数日即可波及整个果面，在果面开始产生黄白色以后变为灰褐色的绒状霉层，此为病菌分生孢子梗和分生孢子（图52、图53）。分生孢子团呈同心轮纹状排列，较整齐，后期病果全部腐烂，部分失水干缩形成僵果，常悬挂在枝上经久不落，其他则落地腐烂（图54～图56）。嫩叶染病，多从叶缘开始，产生水渍状暗褐色病斑，后逐渐扩展到叶柄，致全叶枯萎，常残留于枝上经久不落，与其他落叶病害有明显区别（图57）。枝条、果梗染病，会产生灰褐色长圆形溃疡斑，中央稍凹陷，边缘紫褐色，常导致流胶。当溃疡斑扩展环割一周时，上部枝条枯死。

图52　果实早期症状

图53　果实中期症状

图54　果实后期症状

图55　病果落地

图56　大量落果

图57　叶片症状

发生特点

病害类型	真菌性病害
病　原	果生核盘菌 [*Sclerotinia fructicola* (Wint.) Rehm]、桃褐腐核盘菌 [*S. laxa* (Ehrenb.) Aderh et Ruhl.] 和果产核盘菌 [*S. fructigena* Aderh. et Ruhl.] 是主要病原物，均属子囊菌亚门柔膜菌目核盘菌属 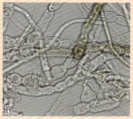 病原菌形态 *a.菌落形态　b.孢子形态*
越冬场所	病原菌以菌丝体或菌核在树上或地面的僵果和病枝溃疡处越冬
传播途径	病原菌主要通过风雨传播
发病原因	发病的轻重与气候、栽培条件及品种等密切相关，尤其是降雨，花期如遇阴雨天气，易发生花腐，果实成熟期多雨、多雾或多露，病害易流行；果实贮运期遇高温高湿的条件，病害也会加重。桃品种中，凡果皮薄、肉软汁多的品种易感病，而角质层厚、木栓化组织形成能力强、果实硬度大的品种较抗病。此外，栽植过密、通风透光不良、修剪不当、因病虫等造成果实伤口多的桃园易发病
病害循环	

防治适期 发病前或刚发现病害时及时防治。

防治措施

（1）**清除菌源** 彻底清除园内病枝、枯死枝、僵果和地面落果，并集中销毁，以减少病菌初侵染源。据研究，通过严格清除田间病果，减少侵染源，使生长期喷药次数减少了40%～50%。同时，合理修剪枝条，减少每个枝条结果量，可促进空气流通，增加光合作用，防止桃褐腐病的大规模发生。使用人工套袋的方法，防治病虫害。加强栽培管理，提高树体抗病力。注意通风透光和排水，增施磷、钾肥，及时防治其他病虫，减少果面伤口。

（2）**加强贮藏、运输期间的管理** 在采收、贮运过程中尽量避免造成伤口，采用单果包装，减少病原菌侵染的机会，同时注意检查，发现病果及时捡出处理，可减少贮藏期桃褐腐病菌的为害。

（3）**及时监控** 在花期后的数周中，及时观测田间是否出现了花期侵染。如果已有花腐的产生，则应尽早使用保护性杀菌剂。同时，及时观测田间是否有虫害的发生，昆虫造成的果实伤口也会增加桃褐腐病的发病率。若发生冰雹，也应及时观察果实受损情况。

（4）**种植抗病品种** 一般而言，油桃比普通桃更易受到病害侵染，可能由于油桃在采前膨胀时更容易裂开，使其更易受到病原菌侵染。目前已经培育出了一些较不容易受到桃褐腐病菌侵染的品种，如Elberta、Glohaven、Babygold No.5。而较易感染桃褐腐病的品种有Belle of Georgia、Coronet、Early East、Hale Harrison Brilliant、Halehaven、Maybelle、Mayflower、Raritan Rose、Redbird、Southhaven和Summercrest。

（5）**药剂防治** 于花前、花后各喷1次50%苯菌灵可湿性粉剂1 000倍液，或于发芽前1周喷5波美度石硫合剂加0.3%～0.5%五氯酚钠或45%晶体石硫合剂30倍液进行防治。发病初期至采收前3周喷10%小檗碱盐酸盐可湿性粉剂800～1 000倍液、10%苯醚甲环唑水分散粒剂1 000～2 000倍液或38%唑醚·啶酰菌胺水分散粒剂1 500～2 000倍液防治。发病严重的桃园，可间隔半个月喷1次，采收前3周停止喷药。

易混淆病害 桃褐腐病与桃灰霉病的症状容易混淆，主要区别见下表。

病害	花症状	果实症状
桃褐腐病	先侵染花瓣和柱头，初生水渍状褐色斑点，后蔓延到萼片和花柄上，导致花变褐枯萎。天气潮湿时，病花迅速腐烂，表面产生灰色霉状物。若天气干燥，病花则干枯萎缩，残留于枝上长久不落	初生水渍状褐色圆形病斑，病部果肉变褐腐烂，病斑扩展迅速，数日即可波及整个果面，在果面开始产生黄白色以后变为灰褐色的绒状霉层，此为病菌分生孢子梗和分生孢子。分生孢子团呈同心轮纹状排列，较整齐，后期病果全部腐烂，部分失水干缩形成僵果，常悬挂在枝上经久不落，其他则落地腐烂
桃灰霉病	初期病花逐渐变软枯萎腐烂，以后在花萼和花托上密生灰褐色霉层，最终病花脱落，或残留在幼果上，引起幼果发病	幼果发病，开始在果面上长出淡绿色小圆斑，随后病斑凹陷，颜色加深呈深褐色，严重时全果腐烂，并长出鼠灰色霉层。成熟果实发病，在果面上出现褐色凹陷病斑，扩大后导致整个果实软腐，不久在病部长出黑色块状物

桃灰霉病 ......

田间症状　主要为害花和幼果。花器感病，初期病花逐渐变软枯萎腐烂，以后在花萼和花托上密生灰褐色霉层，最终病花脱落，或残留在幼果上，引起幼果发病（图58）。幼果发病，开始在果面上长出淡绿色小圆斑，随后病斑凹陷，颜色加深呈深褐色，严重时全果腐烂，并长出鼠灰色霉层。成熟果实发病，在果面上出现褐色凹陷病斑，扩大后导致整个果实软腐，不久在病部长出黑色块状物（图59）。

图58　花症状

图59　果实症状

发生特点

病害类型	真菌性病害
病原	灰葡萄孢（*Botrytis cinerea* Pers. ex Fr.）是病原物，属于半知菌亚门丝孢目葡萄孢属 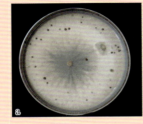 病原菌形态 a.菌落形态　b.分生孢子
越冬场所	病菌以菌丝或菌核、分生孢子附着在病残体上或遗留在土壤中越冬
传播途径	通过风雨传播
发病原因	多雨潮湿的保护地栽培条件和较冷凉高湿的天气条件适合桃灰霉病的发生。如棚内相对湿度达到85%以上，棚膜上会形成大量水滴和水膜，棚内温度10～20℃有利于该病的发生，温度在16～23℃时，适于病菌的传播与蔓延，尤其是阴雨低温天气，更有利于该病发生。果实成熟期若空气湿度大，多雨潮湿亦易造成后期烂果。品种间发病程度也不同，果实皮薄味甜、汁多肉软的品种（如五月火、千年红油桃）易感。此外地势低洼、枝梢徒长郁闭、杂草丛生、通风透光不良的果园，发病较重。管理粗放、施肥不足、机械伤和虫伤多的果园发病也较重
病害循环	

健康苗木

花症状

分生孢子

病原菌越冬

果实症状

防治适期　提前预防是关键，发病前或发现少量病组织时，应及时摘除，及时喷药防治。

防治措施

（1）**做好清园工作**　落叶后至发芽前，彻底清除树上、树下的病僵果，集中销毁。合理修剪，改善果园通风透光条件。

（2）**选用抗病品种**　如中油4号、中油5号、艳光和丽春等。

（3）**加强果园管理**　控制速效氮肥的使用，防止枝梢徒长，抑制营养生长，对过旺的枝蔓进行适当修剪或喷生长抑制素，做好果园的通风透光，降低田间湿度。因该病在设施栽培桃园中发生严重，应做好棚内温湿度调控。

温 馨 提 示

花期白天温度控制在15～20℃、夜间10～12℃，果实膨大期白天15～25℃、夜间10～15℃，果实近熟期白天25～30℃、夜间15～17℃。温度过高及时打开放风口通风，温度过低特别是晚间应加盖浮膜。花前控制相对湿度在70%～80%，花期50%～60%，花后至果实采收期50%以下。如果棚内湿度过大，可结合放风排湿。同时棚内要全面覆盖地膜，以减少水分蒸发，降低湿度。遇到连阴天时，应在中午放风20～30分钟。

（4）**药剂防治**　桃树花芽萌动始期，喷3～5波美度石硫合剂喷雾。初花期或末花期喷洒80%代森锰锌可湿性粉剂800倍液或65%代森锌可湿性粉剂600倍液等保护性杀菌剂。谢花后喷10%苯醚甲环唑水分散粒剂1 500～2 000倍液、40%嘧霉胺可湿性粉剂800～1 000倍液、50%腐霉利可湿性粉剂800～1 000倍液、50%异菌脲可湿性粉剂1 200倍液等药剂防治。因大棚是密闭环境，可使用粉尘剂或烟剂，如严重发生大量落叶时，用10%腐霉利烟剂或10%百菌清烟剂熏蒸，每亩用250克，熏3天后落叶减少，5～6天落叶基本停止，但10天左右病害又开始回升，需继续防控，隔2～3天再防治1次。也可使用6.5%乙霉威粉剂13.5千克/公顷，避开中午喷药，为避免药害，喷粉后2小时后解棚。

易混淆病害　桃灰霉病与桃褐腐病的症状容易混淆，区分方法见桃褐腐病。

桃实腐病

田间症状 又称桃树腐败病。该病主要为害果实，病斑初为褐色水渍状，后迅速扩展，边缘变为褐色，果肉腐烂（图60）。后期病果常失水干缩形成僵果，其上密生黑色小粒点（图61）。

图60 果实初期症状

（引自秦双林等，2015）

图61 果实后期症状

（引自秦双林等，2015）

发生特点

病害类型	真菌性病害
病　原	核果果腐拟茎点霉（*Phomopsis amygdalina*）是病原物，属半知菌亚门球壳目拟茎点霉属 病原菌分生孢子形态 （引自秦双林等，2015）
越冬场所	病原菌以菌丝体、子座、分生孢子器、分生孢子在枯枝或落地僵果的病组织中越冬
传播途径	病原菌主要通过风雨传播
发病原因	高温多雨利于发病；树势与发病也有关系，衰弱树一般发病严重，而健壮或过旺树体发病较轻；果园郁闭、通风不良，利于发病

（续）

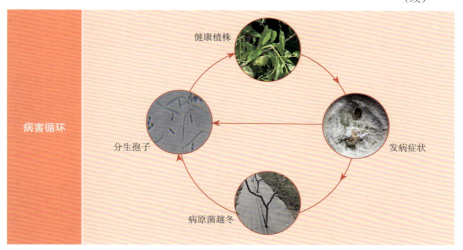

病害循环　健康植株　发病症状　病原菌越冬　分生孢子

防治适期　提前预防是关键，发病前或少量发病时，及时喷药防治。

防治措施

（1）**做好清园工作**　落叶后至发芽前，彻底清除树上、树下的病僵果，集中销毁；合理修剪，改善果园通风透光条件。

（2）**加强栽培管理**　增施有机肥，注意通风透光，控制树体负载量。

（3）**药剂防治**　发病初期开始喷药，药剂可选择50%腐霉利可湿性粉剂2 000倍液、50%苯菌灵可湿性粉剂800倍液、80%多菌灵可湿性粉剂1 000～1 200倍液、70%甲基硫菌灵可湿性粉剂800～1 200倍液、36%甲基硫菌灵悬浮剂600倍液、10%苯醚甲环唑水分散粒剂1 500～2 000倍液等，间隔10～15天喷1次，防治3～4次。

易混淆病害　桃实腐病与桃褐腐病的症状容易混淆，主要区别见下表。

病　害	为害部分	果实症状
桃实腐病	主要为害果实	果实病斑初为褐色水渍状，后迅速扩展，边缘变为褐色，果肉腐烂。后期病果常失水干缩形成僵果，其上密生黑色小粒点
桃褐腐病	为害果实、花、叶和树梢	染病果实初生水渍状褐色圆形病斑，病部果肉变褐腐烂，病斑扩展迅速，数日即可波及整个果面，在果面开始产生黄白色以后变为灰褐色绒状的霉层，此为病菌分生孢子梗和分生孢子。后期病果全部腐烂，部分失水干缩形成僵果，常悬挂在枝上经久不落。其他则落地腐烂

桃根霉软腐病

田间症状 又名桃软腐病。该病发生在果实的成熟至贮运期，主要为害果实，果实发病后在果面上产生浅褐色水渍状、圆形至不规则形病斑，扩大后病部长出疏松的白色棉絮状霉层，果实呈软腐状，最后病部出现黑褐色或黑色孢子囊及孢囊梗，整个果实腐烂（图62、图63）。

桃根腐软腐病

图62　果实症状　　　　　　　图63　病果落地产生大量黑霉

发生特点

病害类型	真菌性病害
病原	匍枝根霉 [*Rhizopus stolonifer* (Ehrenb.) Vuill.] 是病原物，属接合菌亚门毛霉目匍枝根霉属  病原菌形态 a.菌落形态　b.孢子囊

（续）

越冬场所	病原菌以孢囊孢子或接合孢子在病残体上或空气中越冬
传播途径	病原菌主要通过气流传播
发病原因	病原菌为弱寄生菌，广泛存在于空气、土壤、落叶、落果上。桃果成熟期遇雨或成熟后未及时采摘，蛀果害虫重，常造成大量烂果。采摘后的果实装箱或运输中碰、撞、挤、压等损伤是贮运过程中招致软腐病菌侵染引起桃果腐烂的重要原因
病害循环	

防治适期　提前预防是关键，发病前或少量发病时，及时喷药防治。

防治措施

（1）**做好清园工作**　落叶后至发芽前，彻底清除树上、树下的病僵果，集中销毁。合理修剪，改善果园通风透光条件。

（2）**加强栽培管理**　增施有机肥，控制树体负载量。雨后及时排水，改善通风透光条件，降低果园湿度。防止果实受伤，如碰伤、蛀果虫伤。

（3）**及时采收**　提倡单果包装，低温贮运。

（4）**药剂防治**　在桃果近成熟时喷施1次50%异菌脲可湿性粉剂1 000～1 500倍液、50%腐霉利可湿性粉剂1 000～1 500倍液，可减少发病。

易混淆病害 桃根霉软腐病与桃灰霉病的症状容易混淆，主要区别见下表。

病　害	为害时期	果实症状
桃根霉软腐病	发生在果实的成熟至贮运期，主要为害果实	果实发病后在果面上产生浅褐色水渍状、圆形至不规则形病斑，扩大后病部长出疏松的白色棉絮状霉层，果实呈软腐状，最后病部出现黑褐色或黑色孢子囊及孢囊梗，整个果实腐烂
桃灰霉病	主要为害花器和果实，幼果至成熟期均可发病	幼果发病，开始在果面上长出淡绿色小圆斑，随后病斑凹陷，颜色加深呈深褐色，严重时全果腐烂，并长出鼠灰色霉层。成熟果实发病，在果面上出现褐色凹陷病斑，扩大后导致整个果实软腐，不久在病部长出黑色块状物

桃煤污病 ·······

田间症状 又名桃树煤烟病，为害桃树叶片、果实和枝条。叶片染病，叶面初呈污褐色圆形或不规则形霉点，后形成黑色煤烟状物（图64）。果实染病，表面生出黑色煤烟状物（图65）。枝干染病，初期出现污褐色圆形或不规则形霉点，后期逐渐形成煤烟状黑色霉层。严重时可占大部分或布满叶、枝及果面，影响叶片光合作用和降低果实商品价值。

图64　叶片症状

图65　果实症状

发生特点

病害类型	真菌性病害
病　原	出芽短梗霉 [*Aureobasidium pullulans* (de Bary) Am.]、多主枝孢菌 [*Clasdosporium hergarum* (Pers.) Link.]、大孢枝孢菌 [*C. macsrocarpum* Preuss] 和链格孢菌 [*Alternaria alternate* (Fr.: Fr.) Keissler] 等是主要病原物
越冬场所	病原菌以菌丝和分生孢子在病残体上或土壤内中越冬
传播途径	病原菌主要通过风雨及蚜虫、介壳虫、粉虱等传播
发病原因	浇水频繁、果园湿度大、通风透光不良的桃园发病重；保护地因湿度较大，一般较露地发病重；蚜虫、粉虱及介壳虫发生重的果园发病也较重
病害循环	健康植株 分生孢子 病原菌越冬 发病症状

防治适期　提前预防是关键，发病前或少量发病时，及时喷药防治。

防治措施

（1）**做好清园工作**　落叶后至发芽前，彻底清除病果、病叶、病枝等病残体，集中销毁。合理修剪，改善果园通风透光条件。

（2）**加强栽培管理**　增施有机肥，控制树体负载量。改变果园小气候，雨后及时排水，改善通风透光条件，降低果园湿度。

（3）**做好虫害防治**　蚜虫等刺吸式口器害虫为害会加重煤污病的发生，因此要及时防治蚜虫、粉虱及介壳虫等。

（4）**药剂防治**　于点片发生阶段，及时喷药，药剂可选用40%克菌丹可湿性粉剂400倍液、80%代森锰锌可湿性粉剂800倍液、50%苯菌灵可湿性粉剂800倍液、40%多菌灵悬浮剂600倍液、50%乙霉威可湿性粉剂1 000倍液、50%甲基硫菌灵·硫黄悬浮剂800倍液或12.5%烯唑醇可湿性粉剂2 000 ~ 3 000倍液等，每隔15天左右喷1次，连喷2 ~ 3次。

易混淆病害 桃树煤污病与桃疮痂病的症状容易混淆，主要区别见下表。

病　害	叶片症状	果实症状	枝干症状
桃树煤污病	叶面初呈污褐色圆形或不规则形霉点，后形成黑色煤烟状物	果实表面生出黑色煤烟状物	枝干染病初期出现污褐色圆形或不规则形霉点，后期逐渐形成煤烟状黑色霉层
桃疮痂病	叶背产生灰绿色不规则形或多角形病斑，后变褐色或紫红色，最后病部干枯脱落形成穿孔，发病严重时可引起落叶	果实表面产生暗褐色圆形小点，以后逐渐扩大为直径2 ~ 3毫米的斑点，发病严重时病斑相连成片。由于病斑扩展仅限于表皮组织，当病部表皮组织枯死，果肉组织仍可继续生长，引起病斑龟裂，呈疮痂状，上面产生黑色霉层	新梢染病病斑初呈浅褐色长圆形病斑，后病斑呈暗褐色，略隆起，病斑处常发生流胶

桃畸果病

田间症状 指外观发育不正常的果实，如裂果、疙瘩果、花脸果等，影响果实外观和商品价值（图66、图67）。

桃畸果病——裂果

图66　畸形果

图67　裂　果

发生特点

病害类型	侵染性病害或非侵染性病毒
发病原因	分生理原因、非生理原因和虫害三种： （1）**生理原因**　水分供应不均或久旱遇暴雨，导致干湿变化过大引起裂果 （2）**非生理原因**　引致花脸等症状，如细菌性穿孔病导致果实生褐色小圆斑、凹陷，干燥条件下可生裂纹、花脸；霉斑穿孔病病果出现紫色凹陷斑，形成麻脸；疮痂病为害果实，使果面出现暗绿色圆形小斑点，后扩大使果面粗糙、龟裂；缩叶病引致幼果出现黄色或红色隆起病斑，随果实增大发生龟裂或呈麻脸状 （3）**虫害**　引起疙瘩果，如茶翅蝽、螨虫为害后致果面凹凸不平呈疙瘩状，近成熟果实受害果面出现凹坑，果肉木栓化或变松

防治措施

（1）**非生理性病害引致**　可在雨季及初秋发病高峰期喷0.5∶1∶100倍量式硫酸锌石灰液或70%代森锰锌可湿性粉剂600倍液，病害引起的畸果病参见相应病害的防治方法。

（2）**虫害引起**　可喷洒杀虫剂防治，具体方法参见相应虫害防治方法。

（3）**生理原因造成裂果**　主要靠加强水分管理，土壤湿度不宜过高或过低，桃硬核期需水量很大，应保持田间水分稳定，可喷N-二甲胺基琥珀酰胺500～1 000毫克/千克以减少此病发生。

（4）**药剂防治**　防治畸果病可在花前、花后和幼果期各喷1次0.3%～0.5%硼砂溶液或于桃初花期、盛花期各喷1次24%腈苯唑悬浮剂3 200倍液。

PART 2

虫　　害

桃小食心虫 ·····································

分类地位 桃小食心虫（*Carposina sasakii* Matsumura）属鳞翅目蛀果蛾科，又称桃蛀果蛾，简称"桃小"。

桃小食心虫

为害特点 幼虫多从果顶附近蛀入果内，而后在果肉内串食，粪便排在果内，俗称"豆沙馅"。膨大期果实受害，多导致果实畸形，俗称"猴头果"。果实受害后，蛀入孔处常有流胶现象，俗称"淌眼泪"。幼虫脱果后，脱果孔处可导致果实腐烂。

形态特征

成虫：灰褐色，体长约7毫米，翅展15毫米左右；复眼红褐色；下唇须雌蛾长而直，雄蛾短而上弯；前翅前缘中部有7～8簇黄褐色或蓝褐色的斜立鳞片，形成近三角形大斑。卵近椭圆形或桶形，初产时橙色，渐变深红色，顶部环生2～3圈Y形刺毛（图68-a）。

幼虫：幼虫老熟时体长约12毫米，桃红色，头和前胸背板褐色至暗褐色，腹部末端无臀栉。蛹黄褐色，长约7毫米，羽化前为灰黑色，翅、足和触角端部游离（图68-b）。

卵：近椭圆形或桶形，初产时橙色，渐变深红色，顶部环生2～3圈Y形刺毛（图68-c）。

蛹：黄褐色，长约7毫米，羽化前为灰黑色，翅、足和触角端部游离（图68-d）。

茧：越冬茧扁圆形，长约6毫米，由幼虫吐丝缀合土粒而成，质地紧密；夏茧纺锤形。长8～13毫米，质地疏松（图68-e、图68-f）。

图68　桃小食心虫形态
a.成虫　b.幼虫　c.卵　d.蛹　e.冬茧　f.夏茧

发生特点

发生代数	在甘肃省天水市1年发生1代，在吉林省、辽宁省、河北省、山西省和陕西省1年发生2代，在山东、江苏、河南1年发生3代
越冬方式	各地均以老熟幼虫在土中结茧越冬，树干周围约1米范围内的3～6厘米土层中最多
发生规律	第二年5月下旬至6月上旬越冬幼虫开始出土，但具体出土时间与土壤温度及湿度有关，当土温达19℃，同时又有降雨或灌溉，幼虫出土后在地面爬行一段时间后于土缝内做夏茧化蛹。蛹期10～15天。成虫多在果实顶部产卵，初孵幼虫多从顶部附近蛀入果实。幼虫蛀果后先在皮下串食，而后蛀入果实内部为害，并排粪于果内。在果内约生活20天后老熟，然后脱果、化蛹。成虫寿命6～7天，昼伏夜出，无明显趋光性。卵期1周左右。7月下旬以前脱果的可发生2代，8月下旬以后脱果的只发生1代，有世代重叠现象
生活习性	越冬茧在8℃低温条件下需3个月解除休眠。自然条件下，春季旬平均气温达17℃以上、土温达19℃、土壤含水量在10%以上时，幼虫则能顺利出土，浇地后或下雨后出现出土高峰期。初孵幼虫有趋光性。成虫白天在树上枝叶背面和树下杂草等处潜伏，日落后活动，前半夜比较活跃，后半夜0时到3时交尾

防治适期

（1）**地面处理**　在地面连续3天发现出土的幼虫时，即可发出预测预报，开始地面防治；当诱捕器连续2～3日诱到雄蛾时，表明地面防治已经到了最后的时刻，此时也是开展田间查卵的适宜时期。

（2）**树上控制**　约6月上中旬桃小食心虫成虫开始陆续产卵，当田间卵果率达0.5%～1%时进行树上喷药。以后每10～15天喷1次，连喷2次。

防治措施

（1）**树盘覆盖地膜**　在越冬代成虫羽化前，于树冠下覆盖地膜，并压紧边缘，阻止成虫羽化后飞出。

（2）**地面药剂防治**　在越冬幼虫出土化蛹前，利用其在地面爬行一段时间的特点，于地面喷药，杀灭越冬幼虫。喷药时间可利用桃小性引诱剂进行测报，诱到第一头雄蛾时即为地面喷药时间；也可根据经验，当土温达19℃后，有降雨时或灌水后立即开始地面用药。一般使用48%毒死蜱乳油300～500倍液喷洒树冠下土壤表面，将表土层喷湿，然后耙松表土；也可使用15%毒死蜱颗粒剂按照每亩使用1～2千克的剂量在树冠下均匀撒施，然后用铁耙楼翻表土层。

（3）**树上喷药**　关键是喷药时期，成虫产卵盛期至孵化前喷药效果最好。利用桃小性引诱剂进行测报，诱蛾高峰后1～2天即为喷药适期；当诱蛾高峰不明显时，也可从诱蛾量较多时开始喷药10～15天。效果较好的药剂有：40%毒死蜱可湿性粉剂1 500～2 000倍液、48%毒死蜱乳油1 500～2 000倍液、4.5%高效氯氰菊酯乳油或水乳剂1 500～2 000倍液、5%高效氯氟氰菊酯乳油或水乳剂3 000～4 000倍液、20%甲氰菊酯乳油1 500～2 000倍液等。

（4）**果实套袋**　果实套袋后可完全阻止桃小食心虫对果实的为害。

梨小食心虫

分类地位　梨小食心虫（*Grapholita molesta* Busck）属鳞翅目卷蛾科，又称梨小蛀果蛾、桃折梢虫、东方蛀果蛾，简称"梨小"。

为害特点　新梢受害，蛀入孔先出现流胶，而后新梢顶端开始萎蔫下垂，后期干枯折断，俗称"折梢"。幼虫在新梢髓部蛀食为害，有转梢为害特性，严重时许多新梢被害。果实受害，早期被害果蛀孔外有虫粪排出，晚期被害果外多无虫粪。幼虫蛀果后直达果核周围为害，被害果易脱落。幼虫脱果后，脱果孔处可导致果实腐烂。见图69。

图69　梨小食心虫为害状

形态特征

　　成虫：灰褐色至灰黑色，体长6 ～ 7毫米，翅展11 ～ 14毫米，触角丝状；前翅前缘有8 ～ 10条白色斜纹，外缘有10个小黑点，翅中部有1个小白点（图70-a）。

　　幼虫：老熟时体长10 ～ 14毫米，淡黄白色至粉红色，头褐色，前胸背板黄白色，腹部末端有臀栉4 ～ 7根（图70-b）。

　　卵：扁椭圆形，中央隆起，直径0.5 ～ 0.8毫米，表面有褶皱，初乳白色，渐变淡黄色（图70-c）。

　　蛹：体长6 ～ 7毫米，纺锤形，黄褐色（图70-d）。

　　茧：长椭圆形，长约10毫米，丝质白色。

图70 梨小食心虫形态

a.成虫 b.幼虫 c.卵 d.蛹

发生特点

发生代数	在辽宁与华北地区1年发生3～4代，在黄河故道与陕西关中地区1年发生4～5代，在南方地区1年发生6～7代
越冬方式	以老熟幼虫在树皮裂缝中及土壤中结茧越冬（图71）
发生规律	第2年4月上旬开始化蛹，4月下旬至6月中旬发生越冬代成虫，第1代成虫于5月下旬至7月上旬发生，以后世代重叠严重。卵期7～10天，幼虫期15～20天，蛹期10～15天，成虫寿命4～15天。第1代、第2代幼虫主要为害嫩梢，特别是桃梢受害最重；第3代、4代及后续代数幼虫主要为害果实。成虫多白天静伏，黄昏后活动，对糖醋液、黑光灯有趋性。幼虫多从新梢顶端蛀入后向下蛀食，蛀达较老化的木质部后开始转梢。为害果实时，多从胴部蛀入，直达果心处为害，老熟后咬一脱果孔脱果。老熟幼虫多在树干粗皮裂缝内或树下土壤中化蛹
生活习性	梨小成虫白天潜伏，傍晚开始活动，交尾、产卵。成虫对糖醋液、黑光灯有很强的趋性，雄蛾对性引诱剂趋性强烈。雨水多、湿度大的年份有利于成虫产卵，梨小为害严重，桃、梨、苹果等落叶果树混栽园内梨小食心虫发生量大

图71 梨小食心虫越冬场所

防治适期　在各代卵发生高峰期和幼虫孵化期喷药效果最好，可利用诱杀成虫进行测报，越冬代发蛾盛期后5～6天即为产卵盛期，产卵盛期后4～5天即为卵孵化高峰期；2～4代发蛾盛期后4～5天即为产卵盛期，产卵盛期后3～4天即为卵孵化高峰期。

防治措施

（1）**人工防治**　进入8月后，在树干上捆绑稻草、破麻袋片等，诱集幼虫潜伏，落叶后解下，集中烧毁，杀灭越冬幼虫。5、6月，及时剪除虫梢（特别是刚萎蔫的虫梢），集中深埋，消灭蛀梢幼虫，该措施大面积同时进行效果较好。

（2）**诱杀成虫**　利用成虫对糖醋液及黑光灯的趋性，在果园内设置糖醋液盆及黑光灯，诱杀成虫。也可利用梨小性引诱剂诱杀雄成虫，但该措施以大面积同时应用效果较好。

（3）**药剂防治**　关键是在各代卵发生高峰期至卵孵化前喷药。结合诱杀成虫进行测报，由于梨小食心虫世代易重叠，一般2～4天即为卵高峰期至幼虫孵化始期，每代喷药1～2次（间隔期5～7天）即可。常用有效药剂有：48%毒死蜱乳油1 500～2 000倍液、40%毒死蜱可湿性粉剂1 500～2 000倍液、4.5%高效氯氟菊酯乳油或水乳剂1 500～2 000倍液、2.5%高效氯氟氰菊酯乳油或水乳剂1 500～2 000倍液、5% S-氰戊菊酯乳油1 200～1 500倍液、20%甲氰菊酯乳油1 500～2 000倍液等。

（4）**其他措施**　新建果园时，避免桃、李、杏、梨、苹果等不同果树混栽。根据害虫发生情况释放赤眼蜂，进行生物防治。尽量果实套袋，阻止梨小为害果实。

李小食心虫

分类地位　李小食心虫（*Crapholita funebrana* Treitscheke）属鳞翅目卷蛾科，又称李子食心虫、李小蠹蛾。

为害特点　幼果被害后，表面无明显症状，但易脱落。膨大期果实受害，蛀孔处常有泪珠状胶液流出，胶液干后易脱落，幼虫在果实内串食，排粪于其中，果内呈豆沙馅状，果面有凹陷。

形态特征

成虫：体长6～7毫米，翅展11～14毫米，体背灰褐色，腹面灰白色；触角丝状；前翅近长方形，烟灰色，前缘约有18组不明显的白色斜纹；后翅浅褐色，缘毛灰白色。

幼虫：老熟时体长约12毫米，玫瑰红色或桃红色，头、胸黄褐色或浅黄白色，臀板浅黄褐色或玫瑰红色，上有深褐色小点，臀足趾钩13～17个，臀栉5～7个。

卵：扁平圆形，中部稍隆起，直径0.6～0.7毫米，初乳白色，渐变淡黄色。

蛹：长6～7毫米，初淡黄色，渐变暗褐色，第3～7腹节背面各有2排短刺，前排较大，腹部末端有7个小刺。

茧：茧长10毫米，纺锤形，污白色。

发生特点

发生代数	在黑龙江、吉林、辽宁、河北等省区1年发生2代，少数3代
越冬方式	均以老熟幼虫主要在树下浅土层内、杂草中及树皮缝内结茧越冬
发生规律	翌年4月化蛹，4月中下旬出现越冬代成虫。第1代幼虫多从"五一"劳动节前后开始为害幼果，第2代幼虫多在6月蛀果为害，早的可以发生第3代。世代重叠严重。成虫羽化后1～2天开始产卵，卵多散产于果面上，卵期4～7天。初孵幼虫在果面稍作爬行即蛀入果内，被害果极易脱落。成虫羽化时将蛹壳的2/3带出茧外。幼果期受害果实容易脱落，蛀果幼虫有转果为害习性；果实膨大期，幼虫多从胴部蛀入果内，直达果核周围进行为害，无转果为害习性。幼虫在果内为害10余天后老熟、脱果，在树皮缝隙等隐蔽处结茧化蛹。蛹期7天左右
生活习性	成虫昼伏夜出，有趋光性和趋化性，白天栖息在树下附近的草丛或土块缝隙等隐蔽场所，黄昏时在树冠周围交尾产卵

防治适期　在各代卵发生高峰期和幼虫孵化期喷药效果最好，可利用诱杀成虫进行测报，当出现诱蛾高峰后2天左右即为喷药关键期，也可通过调查卵果率来确定喷药时间，即分别从4月中旬和6月上旬开始调查，当卵果率达1%时，立即开始喷药。

防治措施

（1）**人工防治**　4月于越冬代成虫羽化前，在树冠下覆盖地膜，并将周围压实，防止羽化成虫出土。第1代幼虫蛀果后，及时拣拾落地虫果，集中深埋，消灭果内的幼虫。

（2）**诱杀成虫**　利用成虫对黑光灯及糖醋液的趋性，在果园内设置糖醋液诱捕器或黑光灯，诱杀成虫。

（3）**树上喷药**　防治关键是喷药时期，在各代卵发生高峰期和幼虫孵化期喷药效果最好。施药适期为诱捕器诱蛾高峰后2天或卵果率达1%时。常用有效药剂同梨小食心虫。

桃蛀野螟 ·····

分类地位　桃蛀野螟（*Conogethes punctiferalis* Guenee）属鳞翅目螟蛾科，又称梨桃蠹螟、桃蛀斑螟、桃蛀螟，俗称"食心虫"。

桃蛀野螟

为害特点　幼虫蛀食果实进行为害，双果、多果及贴叶果实受害较重。桃、李被害后果实外面堆有红褐色虫粪，并有流胶。受害果易变黄脱落，亦常导致腐烂。

形态特征

成虫：体长9～14毫米，翅展22～25毫米，体橙黄色，雄蛾腹末有1撮黑色毛丛，雌蛾不明显；触角丝状；体背、前翅、后翅表面均散布有黑色斑点，似豹纹状，前翅上27～28个，后翅上10余个；腹部第1～5节各有3个黑斑，第6节有1个黑斑（图72-a）。

幼虫：体长约25毫米，体色变化较大，淡褐色至暗红色，背面紫红色，腹部各节毛片灰褐色；腹足趾钩为不规则三序缺环（图72-b）。

图72　桃蛀野螟形态

a.成虫　b.幼虫

卵：椭圆形，长约0.6毫米，初产时乳白色，渐变为黄色，孵化前为橘红色。

蛹：长椭圆形，长约13毫米，黄褐色，腹部第5～7节背面各有1排小刺。

发生特点

发生代数	在辽宁、河北梨区1年发生1代，在陕西、山东2～3代，在长江流域4～5代
越冬方式	桃蛀野螟以老熟幼虫主要在树皮裂缝内越冬，也可在农作物残株（秸秆）、向日葵花盘等处越冬
发生规律	翌年5月上中旬化蛹，5月下旬至6月中旬出现成虫。成虫白天静伏叶背，夜间交尾产卵，对黑光灯、糖醋液有很强的趋性。成虫喜欢在两果相接或贴叶果处产卵，每处产卵2～3粒。卵期1周左右，初孵幼虫爬行片刻后从果实肩部或胴部蛀入果内。幼虫期20天左右，有转果为害习性。幼虫老熟后在果内或脱果后在两果间及结果枝上等处结茧化蛹。蛹期10天左右。7、8月发生第1代成虫，8、9月为第2代幼虫发生期。桃、杏、李上主要为第1代幼虫为害，有些晚熟品种第2代幼虫也有发生
生活习性	成虫白天静伏叶背，夜间交尾产卵，对黑光灯、糖醋液有很强的趋性

防治适期 结合诱杀成虫进行测报，当连续诱集到成虫时开始喷药防治。

防治措施

（1）**人工防治** 生长期及时摘除被害虫果，拣拾落地虫果，集中深埋，消灭果内幼虫。越冬代成虫羽化前彻底清除果园周围的玉米、向日葵等寄主植物秸秆，集中销毁。

（2）**诱杀成虫** 利用糖醋液、黑光灯进行诱杀，有条件的也可使用桃蛀野螟的性引诱剂诱杀。

（3）**果实套袋** 果实套袋能阻止成虫产卵及幼虫为害。

（4）**药剂防治** 关键为掌握好喷药时期。结合诱杀成虫进行测报，当连续诱集到成虫时即开始喷药，7天左右1次，每代连喷2次。常用有效药剂有：48%毒死蜱乳油1 500～2 000倍液、40%毒死蜱可湿性粉剂1 500～2 000倍液、2.5%高效氯氟氰菊酯乳油1 500～2 000倍液、4.5%高效氯氰菊酯乳油或水乳剂1 500～2 000倍液、25%灭幼脲悬浮剂

1 500 ～ 2 000倍液、1.8％阿维菌素乳油3 000 ～ 4 000倍液等。喷药时，若在药液内混加有机硅类或石蜡油类农药助剂效果更好。

棉铃虫 ······

分类地位　棉铃虫 [*Helicoverpa armigera* (Hübner)] 属鳞翅目夜蛾科，又称棉铃实夜蛾。

为害特点　幼虫主要蛀食果实进行为害，被害果蛀孔较大，外面常留有虫粪，有时部分虫体露在果外。幼果受害时导致被害果萎蔫脱落，膨大后期果实受害，常引起果实腐烂。

形态特征

　　成虫：体长14 ～ 18毫米，翅展30 ～ 38毫米，头、胸及腹部淡灰褐色；前翅灰褐色，脉间有7个小黑点，中部近前缘有略褐色环状纹、肾形纹各1个，外侧有褐色宽横带；后翅灰白色至淡褐色，外缘有1条褐色宽带。

　　幼虫：体长32 ～ 45毫米，体色因食物及环境不同而变化较大，常见为绿色型（背部有深绿色纵条纹，气门线淡黄色，体表布满褐色与灰色小刺）和褐色型（背部有淡褐色纵条纹，气门线白色，毛突黑色），有时也见黄白色型（背部有绿色纵条纹，气门线白色，毛突黄白色）和淡绿色型（背部有不明显的淡绿色纵条纹，气门线白色，毛突绿色）；腹部各节背面有许多小毛瘤，上生小刺毛；气门椭圆形，围气门片黑色。

　　卵：半球形，有光泽，初产时乳白色或淡绿色，孵化前深紫色。

　　蛹：黄褐色，长17 ～ 21毫米，纺锤形。

发生特点

发生代数	在我国黄河流域棉区及其以北地区每年发生3 ～ 4代，长江流域棉区及华南棉区每年发生5 ～ 6代，个别地区可发生7代
越冬方式	棉铃虫以蛹在土壤中越冬
发生规律	第二年4月中下旬开始羽化，5月上中旬为羽化盛期。第1代幼虫主要为害麦类及苜蓿、豌豆等早春作物，少数也可为害桃、李、杏；以后各代均可为害桃、李、杏果实，以6月下旬至7月上旬的第2代幼虫为害最重，8月上中旬、9月上中旬相继发生第3代、第4代，但2、3、4代世代重叠。10月上中旬，幼虫老熟后入土化蛹。低龄幼虫取食嫩叶，三龄后以蛀果为主。幼虫期15 ～ 22天，共6龄，老熟后入土化蛹。蛹期8 ～ 10天

（续）

| 生活习性 | 成虫昼伏夜出，对黑光灯、萎蔫的杨柳枝有强烈趋性。卵散产于嫩叶或果实上，雌蛾产卵期7～13天，卵期3～4天，低龄幼虫取食嫩叶，三龄后以蛀果为主，有早晨在叶面爬行的习性 |

防治适期　各代成虫高峰期之后的卵孵化盛期至二龄幼虫蛀果前是喷药防治最佳时期。

防治措施

（1）**诱杀成虫**　在成虫发生期内，于果园内设置黑光灯、频振式诱虫灯或性引诱剂诱捕器，或在树体上捆绑萎蔫的杨柳枝把，诱杀成虫。

（2）**树上喷药**　各代卵孵化盛期至二龄幼虫蛀果前及时喷药。常用有效药剂有：48%毒死蜱乳油或40%毒死蜱可湿性粉剂1 200～1 500倍液、50%丙溴磷乳油1 500～2 000倍液、52.25%氯氰•毒死蜱乳油1 500～2 000倍液、20%氟虫双酰胺水分散粒剂2 000～3 000倍液、35%氯虫苯甲酰胺水分散粒剂5 000～7 000倍液、240克/升甲氧虫酰肼悬浮剂1 500～2 000倍液、20%灭幼脲悬浮剂1 500～2 000倍液、5%除虫脲乳油1 500～2 000倍液、4.5%高效氯氰菊酯乳油或水乳剂1 500～2 000倍液、5%高效氯氟氰菊酯乳油3 000～4 000倍液等。另外，防治效果较好的生物农药还有：100亿活芽孢/克苏云金杆菌可湿性粉剂300～500倍液、20×10⁸PIB/毫升棉铃虫核型多角体病毒悬浮剂600～800倍液等。两种不同作用原理的药剂混用，杀虫效果较好；在药液中混加有机硅类等农药助剂，能显著提高杀虫效果。

（3）**释放赤眼蜂**　有条件的果园，在每代害虫的卵期释放赤眼蜂，进行生物防治。

苹小卷叶蛾

分类地位　苹小卷叶蛾（*Adoxophyes orana* Fisher von Roslersta）属鳞翅目卷蛾科，又称苹果小卷叶蛾、黄小卷叶蛾、溜皮虫、舔皮虫。

为害特点　为害叶片，幼虫吐丝将叶片缀连一起，并在其中为害，将叶片啃成网状或吃成缺刻。低龄幼虫常将叶片两侧缀连一起，老龄幼虫多将

2 ～ 3张叶片缀连一起。为害果实，将果面啃成许多不规则形状的小坑洼，并常导致果实流胶，以果、叶相贴部位受害较多。

形态特征

成虫：淡棕色至黄褐色，体长6 ～ 8毫米，翅展13 ～ 23毫米，静止时呈钟罩形；触角丝状；下唇须较长，向前延伸；前翅略呈长方形，自前缘向后缘有2条深褐色斜纹，外侧的一条较内侧的细，后翅淡灰色。雄成虫较雌虫体小，体色较淡，前翅基部有前缘褶（图73-a）。

幼虫：体长13 ～ 15毫米，低龄时淡绿色，老龄时翠绿色，头、前胸背板淡黄色，臀栉6 ～ 8根；三龄后的雄虫腹部第5节背面出现1对黄色性腺（图73-b）。

卵：淡黄色，扁椭圆形，数十粒排成鱼鳞状卵块（图73-c）。

蛹：体长9 ～ 11毫米，黄褐色，臀栉6 ～ 8根（图73-d）。

图73 苹小卷叶蛾形态

a.成虫 b.幼虫 c.卵 d.蛹

发生特点

发生代数	在辽宁、山东一年发生3代，在黄河故道和陕西关中等地一年可发生4代
越冬方式	以二龄幼虫在果树的剪锯口、树皮裂缝、翘皮下等隐蔽处结白色薄茧越冬
发生规律	翌年越冬幼虫于果树发芽后出蛰，爬至嫩芽、幼叶上为害，稍大后吐丝缀叶，潜伏其中为害。幼虫活泼，触其尾都会迅速爬行，触其头部可迅速倒退。有转移为害习性，可以吐丝下垂。5—6月幼虫老熟后在卷叶内化蛹。蛹期12天，成虫羽化后蛹壳留在卷叶内。成虫白天多在隐蔽处的叶片上静伏，夜间活动，有较强的趋化性。对糖醋液或果醋趋性甚烈。卵产于叶面或果面较光滑处，卵期7天左右。初孵幼虫先在卵块附近的叶片上取食，不久便分散为害。越冬代幼虫至第2代幼虫发生期大概分别为4月底至5月中旬、5月底至6月中旬、7月初至8月初，以后世代重叠明显。越冬代幼虫主要为害叶片；第1代幼虫以为害叶片为主，少有为害果实；以后各代幼虫叶片、果实均可为害
生活习性	成虫白天多在隐蔽处的叶片上静伏，夜间活动，有较强的趋化性。对糖醋液或果醋趋性甚烈

防治适期 早春刮除树干和剪锯口处的翘皮，在果树生长期，结合农事操作检视树体出现的受害状，捏死卷叶中的幼虫，在越冬代幼虫出蛰期（桃落花后立即喷药）和各代幼虫发生初期喷药防治。

防治措施

（1）**人工防治** 早春适当刮除枝干上和剪锯口等处的粗皮、翘皮，破坏越冬场所，消灭越冬幼虫，生长季节发现卷叶后，及时用手捏死其中害虫，或剪除卷叶虫苞集中深埋。

（2）**诱杀成虫** 利用成虫具有较强的趋化性，在成虫发生期内于果园中设置糖醋液诱捕器，诱杀成虫。糖醋液配方为糖∶酒∶醋∶水＝1∶1∶4∶16∶。也可设置苹小卷叶蛾性引诱剂，诱杀成虫。

（3）**适时喷药** 在越冬代幼虫出蛰期（桃落花后立即喷药）和各代幼虫发生初期喷药，每代喷药1～2次即可。常用有效药剂有：25%灭幼脲悬浮剂1 500～2 000倍液、20%除虫脲悬浮剂2 000～2 500倍液、1.8%阿维菌素乳油2 500～3 000倍液、1%甲氨基阿维菌素苯甲酸盐乳油1 500～2 000倍液、20%虫酰肼悬浮剂1 500～2 000倍液、240克/升甲氧虫酰肼悬浮剂1 500～2 000倍液、200克/升氯虫苯甲酰胺悬浮剂3 000～4 000倍液、20%氟虫双酰胺水分散粒剂2 500～3 000倍液、40%毒死蜱可湿性粉剂1 500～2 000倍液、4.5%高效氯氰菊酯乳油或水乳剂1 500 ～ 2 000倍液、5％高效氯氟氰菊酯乳油3 000 ～ 4 000倍液、20％甲氰菊酯乳油1 500 ～ 2 000倍液等。

（4）**释放赤眼蜂** 有条件的果园，在各代害虫卵发生期内释放赤眼蜂，进行生物防治。

美国白蛾

分类地位 美国白蛾（*Hyphantria cunea* Drury）属鳞翅目灯蛾科，又称美国灯蛾、秋幕毛虫、秋幕蛾，是一种检疫性害虫。

为害特点 幼虫群集结网为害为其代表习性。低龄幼虫群集结网为害，初孵幼虫只啃食叶片叶肉，残留表皮；随虫龄增大，网幕也逐渐扩大，有时可长达1.5米以上，幼虫蚕食叶片后仅留叶脉，四龄后，食量剧增，出网分散为害，严重时将整株叶片吃光（图74）。虫量多时，幼虫有转株为害习性。

图74 美国白蛾为害状

形态特征

成虫：白色，体长12 ～ 17毫米，翅展23 ～ 25毫米。雄虫触角双栉齿状，黑色，越冬代雄成虫前翅背面有较多的黑褐色斑点，第1代成虫翅面上的斑点较少。雄虫触角栉齿状，前翅翅面上很少有斑点，甚至没有（图75-a）。

幼虫：体色变化较大，黄绿色至灰黑色，头部黑色。低龄幼虫体色较浅，老龄幼虫体色较深。背部两侧线之间有一条灰褐色至灰黑色宽纵带，背中线、气门上线、气门下线为黄色。背部毛瘤黑色，体侧毛瘤为橙黄色，毛瘤上生有灰白色长毛。老熟幼虫体长28 ～ 35毫米（图75-b）。

卵：近球形，直径约0.5毫米，有光泽，初产时淡黄绿色，近孵化时变为灰褐色，常数百粒排列成块状，单层，其上稀覆成虫体毛或鳞片（图75-c）。

蛹：体长8～15毫米，深红色，腹部各节有凹陷的刻点，中央有纵向隆脊，臀刺8～17根（图75-d）。

茧：椭圆形，黄褐色或暗灰色，由稀疏的丝混杂幼虫体毛构成网状（图75-e、图75-f）。

图75　美国白蛾形态

a.成虫　b.幼虫　c.卵　d.蛹　e.茧　f.土中茧

发生特点

发生代数	在我国1年发生2～3代
越冬方式	以蛹在枯枝落叶中、墙缝、表土层、树洞等处越冬
发生规律	翌年5月上旬出现成虫，成虫产卵于叶背，每个卵块有卵300～500粒。卵期7天左右。幼虫孵化后不久即吐丝结网，群集网内为害，四龄后分散为害。幼虫期35～42天。幼虫可借助交通工具及风力远距离传播蔓延。幼虫老熟后下树寻找适宜场所结茧化蛹，末代则开始越冬
生活习性	低龄幼虫具有吐丝结网和群集为害的习性，四龄后则开始分散为害。幼虫还具有较强耐饥能力，龄期越大，耐饥时间越长，七龄幼虫可耐饥15天左右，此特性利于其远距离传播

<u>**防治适期**</u>　第1代幼虫发生期最为整齐，是多种防治方式的关键适期。

<u>**防治措施**</u>

（1）**加强检疫**　美国白蛾属检疫对象，各种虫态在一定条件下均可通过交通运输工具远距离传播。必须做好各项检疫工作，防止其发生大范围扩散。首先划定疫区、设立防护带，严禁从疫区调出苗木、木材、水果等。一旦从疫区调入苗木，必须严格检疫，发现有美国白蛾必须彻底销毁。

（2）**人工防治**　利用幼虫结网为害的习性，经常巡回检查，发现幼虫网幕后及时彻底摘除烧毁，消灭网内幼虫。在成虫发生期内于果园中设置黑光灯、频振式诱虫灯或美国白蛾性引诱剂，诱杀成虫。

（3）**喷药防治**　在幼虫发生期内喷药，杀灭幼虫。对捕食性和寄生性天敌较安全的药剂有：25％灭幼脲悬浮剂1 500～2 000倍液、20％除虫脲悬浮剂1 500～2 000倍液、50克/升氟虫脲可分散液剂1 000～1 500倍液、5％氟啶脲乳油1 000～1 500倍液、5％虱螨脲乳油1 000～1 500倍液、20％虫酰肼悬浮剂1 000～1 500倍液、240克/升甲氧虫酰肼悬浮剂1 500～2 000倍液、200克/升氯虫苯甲酰胺悬浮剂3 000～4 000倍液、20％氟虫双酰胺水分散粒剂2 500～3 000倍液等。另外，广谱性杀虫剂还有：48％毒死蜱乳油1 500～2 000倍液、40％毒死蜱可湿性粉剂1 200～1 500倍液、4.5％高效氯氰菊酯乳油或水乳剂1 500～2 000倍液、5％高效氧氟氰菊酯乳油3 000～4 000倍液、20％甲氰菊酯乳油1 500～2 000倍液、240克/升虫螨腈悬浮剂2 000～2 500倍液等。喷药时，除防治果园内美国白蛾外，还要注意对果园周围的林木上进行喷药，以防止其向果园内蔓延扩散。

天幕毛虫

<u>**分类地位**</u>　天幕毛虫（*Malacosoma neustria testacea* Motschulsky）属鳞翅目枯叶蛾科，又称黄褐天幕毛虫、幕枯叶蛾、带枯叶蛾，俗称"顶针虫"。

<u>**为害特点**</u>　幼虫为害叶片及嫩芽。初孵幼虫群集于一枝，吐丝结网，在网幕内群集取食叶片及嫩芽，将叶片啃食成网状；随虫龄增大，逐渐将叶片食成缺刻，或只剩下叶脉或叶柄。五龄后分散为害，严重时将全树叶片吃光。幼虫在网幕内多白天栖息，夜间取食为害。

形态特征

成虫：雌雄差异很大。雌成虫体长18～20毫米，翅展约40毫米，黄褐色，触角栉齿状；前翅中央有1条赤褐色斜宽带，两边各有1条黄色细线。雄成虫体长约17毫米，翅展约32毫米，黄白色，触角双栉齿状；前翅有2条紫褐色斜线，两线间色稍深，且翅基端和翅端部较淡（图76-a）。

幼虫：老熟后体长50～60毫米，背线黄白色，两侧有橙黄色和黑色相间的条纹，各节背面有数个黑色毛瘤，上生有许多黄白色长毛；腹足趾钩双序缺环（图76-b）。

卵：圆柱形，灰白色，高约1.3毫米，多200～300粒紧密黏结排在一起，环绕在小枝上呈"顶针"状（图76-c）。

蛹：椭圆形，长17～20毫米，初为黄褐色，后期变为黑褐色，蛹体有淡褐色短毛（图76-d）。

茧：黄白色，表面附有灰黄粉。

图76　天幕毛虫形态

a.成虫　b.幼虫　c.卵　d.蛹

发生特点

发生代数	1年发生1代
越冬方式	以完成胚胎发育的幼虫在卵壳内越冬
发生规律	翌年果树发芽后幼虫从卵壳内爬出，出壳期比较整齐，大部分集中在3～5天内。出壳后幼虫先在卵块附近的嫩叶上为害，后转移到小枝分杈处吐丝结网形成天幕，白天潜伏网中，夜间出来取食。四龄后分散到全树，暴食叶片。幼虫期45天左右，蛹期10～15天，成虫夜间活动，有趋光性，在小枝上呈块状产卵
生活习性	出壳后幼虫白天潜伏网中，夜间出来取食，遇振动有吐丝下坠性。成虫夜间活动，有趋光性，在小枝上呈块状产卵

防治适期　果园内害虫（网幕）数量较多时，在幼虫结网集中为害期及时喷药。

防治措施

（1）**人工防治**　结合修剪，注意剪除小枝上的卵块，集中烧毁。如要保护卵寄生蜂，需将带有卵块的小枝放在天敌保护器中，待寄生蜂羽化飞出后再集中销毁卵块或幼虫。春季幼虫结网后，及时剪除幼虫网幕，集中深埋或销毁。

（2）**适当喷药**　天幕毛虫多发生于管理粗放的果园，一般果园不需单独药剂防治。如果果园内害虫（网幕）数量较多，需在幼虫结网集中为害期及时喷药1次即可。常用有效药剂同美国白蛾防治有效药剂。

苹掌舟蛾 ·····················

分类地位　苹掌舟蛾［*Phalera flavescens*（Bremer et Grey）］属鳞翅目舟蛾科，又称舟形毛虫、苹果天社蛾。

为害特点　初孵幼虫群集为害，啃食叶肉，残留表皮和叶脉，被害叶多呈网状。二龄后幼虫将叶片吃成仅剩叶脉，三龄以后将叶片全部吃光，仅剩叶柄，造成二次发芽、开花，严重影响树势。

形态特征

成虫：体长22～25毫米，翅展49～52毫米，触角丝状、浅褐色；

前翅淡黄白色，近基部中央有1个银灰色和紫褐色各半的椭圆形斑，前翅外缘有6个颜色、大小相似的紫褐色椭圆形斑横向排列；后翅淡黄白色，外缘颜色稍深（图77-a）。

　　幼虫：体长约50毫米，背线和气门线及胸足黑色，亚背线与气门上、下线紫红色；头黑褐色，有光泽；全身生有黄白色细长软毛，静止时头、尾翘起，形似小船，故称舟形毛虫（图77-b）。

　　卵：近圆球形，直径约1毫米，初产时淡绿色，近孵化时变灰褐色。

　　蛹：长约23毫米，紫黑色，腹部末端有6根短刺，中间2个较大，外侧2个常消失。

图77　苹掌舟蛾形态

a.成虫　b.幼虫

发生特点

发生代数	1年发生1代
越冬方式	以蛹在树冠下的土壤中越冬
发生规律	华北果区翌年6月下旬开始出现成虫，7月中下旬至8月上旬为成虫发生盛期。羽化后数小时至数日后交尾，1～3天后产卵。产卵盛期约为8月中旬，卵多成块状产于叶背，卵期10天左右。8月中下旬属幼虫为害盛期，幼虫期1个月左右。幼虫老熟后，沿树干爬下入土，化蛹越冬。越冬蛹多聚在树干周围0.5～1米范围内，入土深度多为4～8厘米。若土壤坚硬，则潜伏在杂草、落叶、土块等隐蔽处化蛹越冬
生活习性	低龄幼虫群集叶背，头朝向叶缘取食叶片，整齐排列，遇振动则吐丝下垂。幼虫有群体转移为害习性。老熟幼虫不吐丝下垂，受振亦不落。成虫白天静伏，傍晚开始活动，有趋光性

防治适期　发生较重的果园在低龄幼虫期前喷药1次即可。

防治措施

（1）**人工防治**　早春翻树盘，将土中越冬虫蛹翻在地表，被鸟啄食或被风吹干。在幼虫分散为害前，及时剪除有幼虫群集的叶片，集中深埋；也可利用幼虫受振吐丝下垂的习性，振动树枝，收集下垂幼虫，集中消灭。

（2）**适当喷药**　苹掌舟蛾属零星发生害虫，多不需单独喷药防治，个别发生较重的果园在幼虫三龄前喷药1次即可。常用有效药剂如：25%灭幼脲悬浮剂1 500～2 000倍液、1.8%阿维菌素乳油2 500～3 000倍液、1%甲氨基阿维菌素苯甲酸盐乳油或水乳剂2 000～3 000倍液、20%虫酰肼悬浮剂1 500～2 000倍液、240克/升甲氧虫酰肼悬浮剂1 500～2 000倍液、20%氟虫双酰胺水分散粒剂2 500～3 000倍液、4.5%高效氯氰菊酯乳油或水乳剂1 500～2 000倍液、2.5%高效氯氟氰菊酯乳油1 500～2 000倍液、20%甲氰菊酯乳油1 500～2 000倍液等。

盗毒蛾 ·······················

分类地位　盗毒蛾［*Porthesia similis*（Fueszly）］属鳞翅毒蛾科，又称桑毒蛾、黄尾毒蛾、金毛虫。

为害特点　低龄幼虫啃食叶片下表皮和叶肉，残留上表皮和叶脉，被害叶呈网状；老龄幼虫将叶片取食成缺刻，有时仅留主脉和叶柄。为害花器，花瓣被取食成缺刻，甚至取食花丝、柱头等，被害花不能坐果。

形态特征

成虫：白色，雌蛾体长18～20毫米，翅展35～45毫米；雄蛾体长14～16毫米，翅展30～40毫米；复眼球形，黑褐色；触角羽毛状；前翅后缘近臀角处和近基部各有1个褐色至黑褐色斑纹，有的个体斑纹仅剩1个或全部消失；雌蛾腹部较雄蛾肥大，腹部末端有金黄色毛丛（图78-a）。

幼虫：体长约40毫米，头黑褐色，体杏黄色，背线红色；前胸背面两侧各有1个红色毛瘤，体背各节有1对黑色毛瘤，上生褐色或白色细毛；腹部第1节和第2节中间的两个毛瘤合并成带状毛块（图78-b）。

卵：扁圆形，直径0.6～0.7毫米，初产时橘黄色或淡黄色，后颜色逐渐加深，孵化前为黑色，常数十粒排列成长袋形卵块，表面覆有雌蛾腹末脱落的黄毛。

蛹：长圆筒形，长约13毫米，黄褐色至褐色，体被黄褐色稀疏绒毛（图78-c）。

茧：淡黄色至土黄色，丝质，较松散。

图78　盗毒蛾形态

a.成虫　b.幼虫　c.蛹

发生特点

发生代数	在东北、华北一年发生2代，在华东3～4代，在华南5～6代
越冬方式	以低龄幼虫在枝干粗皮裂缝或枯叶间结茧越冬
发生规律	翌年果树发芽时越冬幼虫开始破茧出蛰，为害嫩芽和叶片。5月中旬后幼虫陆续老熟，在树皮缝内或卷叶内吐丝结茧化蛹。蛹期半月左右，6月中下旬出现成虫。成虫昼伏夜出，有趋光性，羽化后不久即交尾、产卵。卵多呈块状产于叶背或枝干上，卵期7天左右。初孵幼虫群集叶片上啃食叶肉，二龄后逐渐分散为害，至7月中下旬老熟、化蛹。7月下旬至8月上旬发生第1代成虫。8月中下旬发生第2代幼虫，为害至三龄左右时寻找适当场所结茧、越冬
生活习性	成虫昼伏夜出，有趋光性

防治适期　春季幼虫出蛰后和各代幼虫孵化期喷药防治。

防治措施

（1）**人工防治**　发芽前刮除枝干上的粗皮、翘皮，清除果园内枯枝落叶，集中销毁或深埋，消灭越冬幼虫。生长期结合农事活动，尽量剪除卵块，摘除群集幼虫。在幼虫越冬前于树干上捆绑草把等，诱集越冬幼虫，待进入冬季后集中取下、烧毁。

（2）**适当喷药**　盗毒蛾多为零星发生，一般不需单独喷药防治。个别害虫发生较重果园，春季幼虫出蛰后和各代幼虫孵化期是药剂防治的关键期，每期喷药1次即可。效果较好的有效药剂有：25%灭幼脲悬浮剂1 500～2 000倍液、20%除虫脲悬浮剂1 500～2 000倍液、5%虱螨脲乳油1 000～1 500倍液、20%虫酰肼悬浮剂1 000～1 500倍液、240克/升甲氧虫酰肼悬浮剂1 500～2 000倍液、200克/升氯虫苯甲酰胺悬浮剂3 000～4 000倍液、20%氟虫双酰胺水分散粒剂2 500～3 000倍液、1.8%阿维菌素乳油2 500～3 000倍液、1%甲氨基阿维菌素苯甲酸盐乳油2 000～2 500倍液、4.5%高效氯氰菊酯乳油或水乳剂1 500～2 000倍液、5%高效氯氟氰菊酯乳油3 000～4 000倍液、20%甲氰菊酯乳油1 500～2 000倍液、48%毒死蜱乳油1 500～2 000倍液等。

古毒蛾 ···

分类地位　古毒蛾 [*Oryia gonostigma*（Linnaeus）] 属鳞翅目毒蛾科，又称褐纹毒蛾、桦纹毒蛾、落叶松毒蛾、缨尾毛虫。

为害特点　低龄幼虫啃食叶片表皮及叶肉，残留另一侧表皮及叶脉，被害叶呈网状；幼虫稍大后，将叶片食成缺刻，为害较重时仅剩主脉及叶柄，严重时将叶片吃光。

形态特征

成虫：雌成虫纺锤形，长10～20毫米，灰黄色，体肥大，触角丝状，足被黄毛，翅退化。雄成虫体长10～12毫米，翅展25～30毫米，体锈褐色，触角羽状，前翅黄褐色，有3条深褐色波浪形锯齿条纹，近臀角有一半圆形白斑，中室外缘有一模糊褐色圆点。

幼虫：体黑灰色，有红、白花纹，胴部有红色和淡黄色毛瘤，头黑褐色，老熟时体长25～36毫米，前胸两侧及第8腹节背面中央各有1束黑色长毛，第1至4节腹节背面有黄白色刷状毛丛，第1、2腹节侧面各有1束黑色长毛（图79）。

图79　古毒蛾幼虫

卵：扁圆形，直径约0.9毫米，白色至淡褐色。

蛹：雌蛹锥形，长10～12毫米；雄蛹纺锤形，15～21毫米，黑褐色。

茧：丝质，较薄，灰黄色，覆有幼虫体毛。

发生特点

发生代数	1年发生2～3代
越冬方式	大多以卵在细枝、树干、树枝杈或树皮缝（雌虫结的薄茧上或者茧附近）越冬
发生规律	每个茧内常有卵150～300粒。第二年果树发芽时越冬卵孵化，初孵幼虫群集于芽及叶上取食，稍大后分散为害，多夜间取食，常将叶片吃光。幼虫能吐丝下垂，借风力传播。幼虫五至六龄，老熟后多在树冠下部外围细枝或枝杈处及树皮缝中或叶片上结茧化蛹。雌成虫羽化后在茧内等候雄虫交尾，并产卵于其中，越冬代幼虫发生期在5月上中旬，第1代幼虫发生期在6月中下旬，第2代幼虫发生期在8月上中旬
生活习性	初孵幼虫群集于芽及叶上取食，稍大后分散为害，多夜间取食，常将叶片吃光

防治适期 越冬卵孵化至低龄幼虫期喷药防治。

防治措施

（1）**人工防治** 发芽前刮除枝干粗皮、翘皮，并彻底清扫枯枝、落叶，集中烧毁，消灭越冬虫卵。

（2）**适当喷药** 古毒蛾多为零星发生，一般果园不需单独喷药防治。个别往年发生较重果园，在越冬卵孵化至低龄幼虫期喷药防治1次即可。常用有效药剂同盗毒蛾有效药剂。

黄刺蛾

分类地位 黄刺蛾 [*Monema flavescens* (Walker)] 属鳞翅目刺蛾科，俗称洋辣子、八角虫。

为害特点 低龄幼虫啃食叶片表皮和叶肉，被害叶呈网状；幼虫稍大后将叶片吃成缺刻，甚至仅残留叶柄，影响树势。幼虫体上枝刺含有毒物质，人体皮肤触及后，发生红肿，疼痛难忍。

形态特征

　　成虫：体长13～16毫米，翅展30～40毫米，体粗壮，鳞毛较厚，黄色至黄褐色，触角丝状、灰褐色，头、胸部黄色；下唇须暗褐色，向上弯曲；前翅自顶角向后缘基部1/3处和臀角附近斜伸2条棕褐色细线，内侧线以内至翅基部黄色，并有2个深褐色斑点，以外半部黄褐色；后翅淡黄褐色，边缘色较深（图80-a）。

　　幼虫：黄绿色，老熟时体长25毫米，身体近似长方形，头小、淡褐色；胸部、腹部肥大，背面有一大型前后宽、中间窄的紫褐色斑块，低龄幼虫的斑块为蓝绿色；各体节有4根枝刺，腹部第1节的枝刺最大；胸足极小，腹足退化（图80-b、图80-c）。

　　卵：扁椭圆形，长约1.5毫米，初产时黄白色，后变黑褐色，常数十粒呈不规则块状。

　　蛹：椭圆形，短粗，黄褐色，长约10毫米（图80-d）。

　　茧：似鸟蛋状，灰白色，表面光滑，有几条长短不等、或宽或窄的纵纹（图80-e）。

图80　黄刺蛾形态

a.成虫　b.高龄幼虫　c.越冬茧内的幼虫　d.前蛹　e.茧

发生特点

发生代数	1年发生2代
越冬方式	以老熟幼虫在树上结茧越冬
发生规律	第二年5、6月羽化出成虫，成虫产卵于叶背，排列成块。卵期7天左右。第1代幼虫多发生于6月中下旬至7月上中旬，第2代幼虫以8月上中旬为害最重。老熟幼虫在枝条上结茧化蛹
生活习性	成虫昼伏夜出，有趋光性。初孵幼虫多群集在叶背啃食叶肉，稍大后分散为害

防治适期 幼虫发生初期为药剂防治关键时期。

防治措施

（1）**人工防治** 结合冬剪，彻底剪除越冬虫茧，集中深埋或销毁。往年发生严重果园，还应注意剪除果园周围防护林及其他林木上的越冬虫茧。生长季节结合果园管理，清除幼虫及虫茧，减少园内虫量。

（2）**适当药剂防治** 黄刺蛾属零星发生害虫，一般果园不需单独药剂防治。个别虫害严重果园，在幼虫发生初期均匀喷药1次即可。常用有效药剂有：1.8%阿维菌素乳油2 500～3 000倍液、1%甲氨基阿维菌素苯甲酸盐微乳剂2 000～2 500倍液、25%灭幼脲悬浮剂1 500～2 000倍液、20%除虫脲悬浮剂2 000～2 500倍液、20%氟虫双酰胺水分散粒剂2 500～3 000倍液、240克/升甲氧虫酰肼悬浮剂1 500～2 000倍液、4.5%高效氯氰菊酯乳油或水乳剂1 500～2 000倍液、5%高效氯氟氰菊酯乳油3 000～4 000倍液、48%毒死蜱乳油1 500～2 000倍液、35%硫丹乳油1 200～1 500倍液等。

扁刺蛾 ●●

分类地位 扁刺蛾 [*Thosea sinensis*（Walker）] 属鳞翅目刺蛾科，又称黑星刺蛾。

为害特点 幼虫为害叶片，低龄幼虫啃食叶片表皮和叶肉，被害叶呈网状；随虫龄增大，将叶片啃食出缺刻或孔洞，有时仅残留叶柄，严重影响树势。

形态特征

成虫：暗灰色，复眼灰色，触角羽毛状；雌蛾体长13～18毫米，翅展28～35毫米；雄蛾体长10～15毫米，翅展26～31毫米；前翅自前缘至后缘有1条向内倾斜的褐色条纹，中室上角有1个不太明显的黑点（图81-a）。

幼虫：体长21～26毫米，扁椭圆形，浅绿色，背部稍隆起，似龟背状，背线灰白色、边缘蓝色；体两侧边缘各有10个瘤状突起，上生刺毛，每节背面有2丛小刺毛；第4节背面两侧各有1个红点；足退化为吸盘（图81-b）。

卵：扁椭圆形，长约1.1毫米，初产时淡黄色，渐变为灰褐色。

蛹：黄褐色，长10～15毫米，近椭圆形，前端较肥大。

茧：长12～16毫米，暗褐色，椭圆形，似雀蛋。

图81 扁刺蛾形态

a.成虫 b.幼虫（背面）

发生特点

发生代数	在北方果区1年发生1代，在长江中下游及其以南地区1年发生2～3代
越冬方式	各地均以老熟幼虫在树下3～6厘米土层内结茧越冬
发生规律	北方果区翌年5月中旬化蛹，6月上旬羽化出成虫，成虫发生盛期在6月中下旬至7月上中旬。成虫羽化不久即交尾，约2天后产卵。卵多散产于叶面，卵期约7天。6月中旬至8月上旬均可见初孵幼虫，以8月为害最重。幼虫共8龄，六龄后开始食害全叶，8月下旬开始陆续老熟入土结茧越冬。2～3代发生区，4月中旬开始化蛹，5月中旬至6月上旬羽化，第1代幼虫发生期为5月下旬至7月中旬，第2代幼虫发生期为7月下旬至9月中旬，第3代幼虫发生期为9月上旬至10月
生活习性	成虫昼伏夜出，有趋光性

防治适期 幼虫孵化后的低龄幼虫期喷药防治。

防治措施

（1）**人工防治** 发芽前翻耕树盘，将越冬虫茧翻于地面，被鸟啄食或被风吹干，有效减少越冬虫源。

（2）**诱杀成虫** 结合其他害虫防治，在果园内设置照光灯或频振式诱虫灯，诱杀成虫。

（3）**适当喷药防治** 扁刺蛾多为零星发生，一般不需单独喷药防治。个别往年发生较重果园，可在幼虫孵化后的低龄幼虫期喷药1次即可。常用有效药剂同黄刺蛾有效药剂。

褐边绿刺蛾 ·····················

分类地位 褐边绿刺蛾（*Parasa consocia* Walker）属鳞翅目刺蛾科，又称青刺蛾。

为害特点 幼虫为害叶片。低龄幼虫啃食叶片表皮和叶肉，被害叶呈网状；随虫龄增大，将叶片啃食出缺刻或孔洞，有时仅残留叶柄，严重影响树势。

形态特征

成虫：体长15～16毫米，翅展38～40毫米，复眼黑色，触角棕色，雄蛾栉齿状，雌蛾丝状；头和胸部绿色，胸背中央有一棕色纵线，腹部灰黄色；前翅绿色，基部有暗褐色大斑，外缘为灰黄色宽带，带上散有暗褐色小点和细横线，带内缘内侧有暗褐色波状细线；后翅灰黄色（图82-a）。

幼虫：老熟幼虫体长25～28毫米，圆筒状，略呈长方形，头小；初孵幼虫黄色，长大后变为绿色；前胸盾上有2个黑斑，中胸至第8腹节各有4个瘤状突起，上生黄色刺毛束，第1腹节背面的毛瘤各有3～6根红色刺毛，腹末有4个毛瘤丛生蓝黑色刺毛，呈球状；背线绿色，两侧有深蓝色点；胸足小，腹足退化为吸盘（图82-b）。

卵：扁椭圆形，长1.5毫米，数十粒排列呈块状，初产时乳白色，渐变为黄绿色至淡绿色。

蛹：椭圆形，长13～15毫米，黄褐色。

茧：椭圆形，长约16毫米，棕色或暗褐色，似树皮（图82-c）。

图82　褐边绿刺蛾形态

a.成虫　b.高龄幼虫　c.越冬虫茧

发生代数	在北方果区1年发生1代，在南方果区1年发生2～3代
越冬方式	均以老熟幼虫结茧（或前蛹）在树下土壤中越冬
发生规律	北方果区翌年5月中下旬开始化蛹，6月上中旬羽化出成虫。成虫产卵于叶背，数十粒排列成鱼鳞状卵块。卵期7天左右。6月中下旬孵化出幼虫，8月为害最重。幼虫多数8龄，8月下旬至9月下旬陆续老熟，入土结茧越冬。低龄幼虫多群集为害，四龄后逐渐分散，并能迁移到邻近的树上为害。2代发生区，4月下旬开始化蛹，5月中旬出现越冬代成虫，6—7月发生第1代幼虫，8月中下旬出现第1代成虫；第2代幼虫在8月下旬至10月中旬发生
生活习性	成虫昼伏夜出，有趋光性，喜产卵于叶背

防治适期　幼虫孵化后的群集为害期喷药防治。

防治措施

（1）**人工防治**　发芽前翻耕树盘，将越冬虫茧翻于地面，被鸟啄食或被风吹干，有效减少越冬虫源。结合农事操作，及时剪除群集为害的低龄幼虫，集中深埋或销毁。

（2）**诱杀成虫**　结合其他害虫防治，在果园内设置黑光灯或频振式诱虫灯，诱杀成虫。

（3）**适当喷药防治**　褐边绿刺蛾多为零星发生，一般不需单独喷药防治。个别往年发生较重果园，可在幼虫孵化后的群集为害期及时喷药。常用有效药剂同黄刺蛾有效药剂。

双齿绿刺蛾 ···

分类地位 双齿绿刺蛾 [*Latoia hilarata*（Staudinger）] 属鳞翅目刺蛾科，又称棕边青刺蛾。

为害特点 低龄幼虫群集叶背啃食下表皮和叶肉，残留上表皮和叶脉，被害叶呈半透明状；三龄后逐渐分散为害，多从叶尖向内依次取食，将叶片食出缺刻或孔洞，严重时将叶片吃光，影响树势。

形态特征

成虫：体长9～11毫米，翅展23～26毫米，体黄色，头小；雄蛾触角栉齿状，雌蛾触角丝状；头部、触角、下唇须褐色，头顶和胸背绿色；前翅绿色，基斑和外缘带暗褐色，外缘部分的褐色线纹呈波纹状；后翅浅黄色，外缘渐呈淡褐色；足密被鳞毛（图83-a）。

图83 双齿绿刺蛾形态
a.成虫 b.低龄幼虫 c.高龄幼虫 d.蛹和茧

幼虫：老熟幼虫体长17毫米左右，绿色，略呈长筒形；头小，头顶有两个黑点，胸足退化，腹足小；背线天蓝色，两侧有蓝色点线，亚背线杏黄色；各体节上有4个瘤状突起，丛生粗毛；中、后胸及第6腹节背面各有1对黑色刺毛，腹部末端并排有4个黑色绒球状毛丛（图83-b，c）。

卵：扁平椭圆形，长0.9～1毫米，初产时乳白色，近孵化时淡黄色。

蛹：椭圆形，长10毫米左右，淡黄色至淡褐色（图83-d）。

茧：扁椭圆形，灰褐色至暗褐色，长11～13毫米，钙质较硬（图83-d）。

发生特点

发生代数	在北方果区1年发生1代，在山西、陕西1年发生2代
越冬方式	以老熟幼虫在树干基部、伤疤处、粗皮缝隙或枝杈处结茧越冬
发生规律	翌年6月上旬化蛹，蛹期25天左右，6月下旬至7月上旬出现成虫。成虫产卵于叶背中部，数十粒不等，卵期7～10天。7—8月为幼虫为害盛期。低龄幼虫群集为害叶片，三龄后逐渐分散，白天静伏于叶背，夜间和清晨取食为害。幼虫老熟后寻找越冬场所结茧越冬
生活习性	幼虫多在夜间和清晨取食，低龄幼虫喜群集危害。成虫昼伏夜出，有趋光性，对糖醋液无明显趋性

防治适期 幼虫孵化后的群集为害期喷药防治。

防治措施

（1）**人工防治** 结合刮粗皮、翘皮，杀灭越冬虫茧，减少越冬虫源。结合农事操作，及时剪除群集为害的低龄幼虫及卵块，集中深埋或销毁。

（2）**诱杀成虫** 结合其他害虫防治，在果园内设置黑光灯或频振式诱虫灯，诱杀成虫。

（3）**适当喷药防治** 双齿绿刺蛾多为零星发生，一般不需单独喷药防治。个别往年发生较重果园，可在幼虫孵化后的群集为害期及时喷药，且以下午喷药效果较好。常用有效药剂同黄刺蛾有效药剂。

李枯叶蛾

分类地位 李枯叶蛾（*Gastropacha quercifolia* Linnaeus）属鳞翅目枯叶蛾科，俗称枯叶蛾。

为害特点 幼虫食害嫩芽和叶片，被害叶造成孔洞或缺刻，严重时将叶片吃光，仅残留叶柄，影响树势。

形态特征

成虫：体长30～45毫米，翅展60～90毫米，全体赤褐色至茶褐色；头部中央有1条黑色纵纹，触角双栉状，下唇须发达前伸；前翅外缘和后缘略呈锯齿状，翅上有3条波状黑褐色带蓝色荧光的横线，近中室端有一黑褐色斑点；后翅短宽，外缘呈锯齿状，翅上有2条蓝褐色波状横线。

幼虫：幼虫体长90～105毫米，暗褐色至暗灰色，疏生长、短毛，各体节背面有2个红褐色斑纹；中、后胸背面各有1个明显的黑蓝色横毛丛；第8腹节背面有1角状小突起，上生刚毛；各体节有毛瘤，以体两侧的毛瘤较大，上生黄色和黑色长、短毛。

卵：近圆形，直径1.5毫米，绿色至绿褐色。

蛹：长35～45毫米，初黄褐色，渐变暗褐色至黑褐色。

茧：长椭圆形，长50～60毫米，丝质，暗褐色至暗灰色。

发生特点

发生代数	在东北、华北1年发生1代，在河南2代
越冬方式	均以低龄幼虫伏在枝上和树皮缝中越冬
发生规律	翌年果树发芽时出蛰食害嫩芽和叶片，白天静伏枝上，夜晚活动为害。幼虫老熟后多在枝条下侧结茧化蛹。1代发生区成虫6月下旬至7月发生，2代发生区成虫分别在5月下旬至6月和8月中旬至9月发生，成虫羽化后不久即交尾、产卵，卵多产在枝条上，常数粒不规则排在一起。幼虫孵化后食害叶片，达二至三龄后，便伏在枝上或树皮缝中越冬。幼虫体扁，体色与树皮近似，故不易发现
生活习性	成虫昼伏夜出，有趋光性

防治适期 越冬幼虫出蛰后或落花后及时喷药防治。

防治措施

（1）**消灭越冬幼虫** 结合刮粗皮、翘皮及冬剪等农事活动，杀灭越冬幼虫，减少越冬虫源。结合其他害虫（螨）防治，在发芽前喷施1次45%固体石硫合剂50～70倍液或3～5波美度石硫合剂等，杀灭残余越冬幼虫。

（2）**诱杀成虫** 结合其他害虫防治，在果园内设置黑光灯或频振式诱虫灯，诱杀成虫。

（3）**适当喷药防治**　李枯叶蛾多为零星发生，一般不需单独喷药防治。个别往年发生较重果园，在越冬幼虫出蛰后或落花后及时喷药防治。常用有效药剂同黄刺蛾有效药剂。

绿尾大蚕蛾

分类地位　绿尾大蚕蛾（*Actias selene ningpoana* Felder）属鳞翅目大蚕蛾科，又称绿尾天蚕蛾、长尾水青蛾、水青燕尾蛾、月神蛾、绿翅天蚕蛾。

为害特点　幼虫食害叶片，低龄幼虫将叶片啃食出孔洞或缺刻，老龄幼虫将叶片吃成缺刻或将叶片吃光，仅残留叶柄，影响树势。

形态特征

成虫：体长32～38毫米，翅展100～130毫米，体粗大，豆绿色，被白色棉絮状鳞毛；触角羽毛状，黄褐色；复眼大，球形黑色；头部及肩板基部前缘有1条暗紫色横带；翅淡青绿色，基部有白色絮状鳞毛；前翅前缘暗紫色，间有白紫色，中室外有1个大型眼状透明斑，外缘有1条黄褐色横线；后翅中央也有1个大型眼状斑，臀角延长成尾状，长约40毫米（图84-a）。

幼虫：低龄幼虫淡红褐色，长大后变为绿色；老熟幼虫体长80～100毫米，体黄绿色粗壮，体节近六角形，着生肉突状毛瘤，前胸5个，中、后胸各8个，腹部每节6个，毛瘤上生白色刚毛和褐色短刺；头小，淡紫色；第1至第8腹节气门线上边赤褐色，下边黄色（图84-b）。

图84　绿尾大蚕蛾形态

a.成虫　b.幼虫

卵：扁圆形，直径约2毫米，初绿色，近孵化时褐色。低龄幼虫淡红褐色，长大后变为绿色。

蛹：长40～45毫米，椭圆形，初红褐色，后变紫黑色，额区有一浅斑。

茧：长45～50毫米，椭圆形，丝质粗糙，灰褐色至黄褐色。

发生特点

发生代数	在东北1年发生1代，在河北、山西、山东、河南1年发生2代，在江苏个别1年发生3代，在广西、广东、云南分别有不完全的4代
越冬方式	以蛹在树枝或地面被覆物下越冬
发生规律	翌年5月中旬开始羽化，交尾，产卵，卵期10余天。第1代幼虫在5月下旬至8月上旬发生，7月中旬开始化蛹。蛹期10～15天，7月下旬至8月为第1代成虫发生期。第2代幼虫8月中旬开始发生，为害至9月中下旬，老熟后陆续结茧、化蛹、越冬。成虫产卵在叶背或枝干上；由于成虫腹部较大，飞行不灵活，有时掉落地上，也可在杂草或土块上产卵。卵块呈堆状或数十粒排列。初孵幼虫群集取食，三龄后分散为害，食量较大，1头幼虫可取食100多枚叶片，逐叶逐枝取食，仅残留叶柄
生活习性	成虫昼伏夜出，有趋光性

防治适期 幼虫集中为害期喷药防治。

防治措施

（1）**人工防治** 发芽前清除果园内的枯枝落叶及杂草，消灭在此越冬的虫蛹。在成虫发生期，利用成虫笨拙的习性人工捕杀成虫。在低龄幼虫集中为害期，结合农事操作，捕杀群集幼虫。

（2）**诱杀成虫** 结合其他害虫防治，在果园内设置黑光灯或频振式诱虫灯，诱杀成虫。

（3）**适当喷药防治** 绿尾大蚕蛾多为零星发生，一般不需单独喷药防治。个别往年发生较重果园，在幼虫集中为害期及时喷药是防治关键。常用有效药剂同黄刺蛾有效药剂。

樗蚕蛾

分类地位 樗蚕蛾（*Philosamia cynthia* Walker et Felder）属鳞翅目大蚕蛾科。

为害特点 低龄幼虫将叶片食成孔洞或缺刻，虫龄稍大后将叶片吃成缺刻，或将叶片吃光（图85），仅残留叶柄，影响树势。

图85 樗蚕蛾将叶片吃光

形态特征

成虫：体长25～30毫米，翅展110～130毫米，体青褐色，腹部背面各节有白色斑纹；翅褐色；前翅顶角圆而突出，粉紫色，有黑色眼状斑，斑上边为白色弧形；前后翅中央各有一较大的新月形斑，新月斑上缘深褐色，中间半透明，下缘土黄色；前、后翅外侧有1条纵贯全翅的宽带，宽带中间粉红色、外侧白色、内侧深褐色；前、后翅基角褐色，边缘有1条白色曲纹（图86-a）。

幼虫：低龄幼虫淡黄色，有黑色斑点，中龄后全体被白粉，青绿色；老熟幼虫体长55～75毫米，体粗大，各体节具有对称的蓝绿色稍向后倾斜的棘状突起，突起间有黑色小点；胸足黄色，腹足青绿色，端部黄色（图86-b）。

卵：扁椭圆形，长约1.5毫米，灰白色或淡黄白色。

蛹：椭圆形，长26～30毫米，棕褐色（图86-c）。

茧：茧口袋状或橄榄形，长约50毫米，土黄色或灰白色，用丝缀叶片而成，上端开口，茧柄长40～130毫米（图86-d）。

图86 樗蚕蛾形态

a.成虫 b.幼虫 c.蛹 d.茧

发生代数	在北方果区1年发生1～2代，在南方果区发生2～3代
越冬方式	均以蛹在茧内越冬
发生规律	河南中部果区4月下旬越冬蛹开始羽化，成虫有趋光性，飞行距离远，寿命5～10天。卵呈块状产在叶面或叶背，卵期10～15天。初孵幼虫群集为害，稍大后逐渐分散，在枝上由下而上为害，昼夜食。第1代幼虫主要发生在5—6月，幼虫期30天左右，老熟后即在树上缀叶结茧化蛹，或在树下地面被覆物上结茧化蛹，蛹期50多天。7月底至8月初第1代成虫羽化、产卵，9—11月第2代幼虫发生为害，幼虫老熟后陆续结厚茧化蛹越冬

防治适期　初孵幼虫群集为害期喷洒防治。

防治措施

（1）**人工防治**　结合农事活动，人工摘除越冬茧、卵块及群集为害的幼虫等，集中销毁。

（2）**诱杀成虫**　结合其他害虫防治，在果园内设置黑光灯或频振式诱虫灯，诱杀成虫。

（3）**适当喷药防治**　栎蚕蛾多为零星发生，一般不需单独喷药防治。个别往年发生较重果园，在初孵幼虫群集为害期及时喷洒药剂，每代喷药1次即可。常用有效药剂同黄刺蛾有效药剂。

桃六点天蛾

分类地位　桃六点天蛾（*Marumba gaschkewitschii* Bremer et Grey）属鳞翅目天蛾科，又称桃天蛾。

为害特点　幼虫食量很大，能将叶片吃光。低龄幼虫将叶片吃成孔洞或缺刻，稍大后幼虫常将叶片吃掉大部分甚至吃光，仅残留叶柄，严重影响树势。

形态特征

　成虫：体长36～46毫米，翅展82～120毫米，体、翅黄褐色至灰褐色；前胸背板棕黄色，胸部及腹部背线棕色，腹部各节间有棕色横环；前翅有4条深褐色波状横带，近外缘部分黑褐色，后缘近后角处有1个黑斑，其前方有1个小黑点，前翅腹面自基部至中室呈粉红色；后翅枯黄至粉红色，外缘略呈褐色，近臀角处有2个黑斑，后翅腹面灰褐色（图87-a）。

幼虫：老熟幼虫体长80～84毫米，绿色或黄褐色，体表密生黄白色颗粒；头部三角形，青绿色；胸部侧面各有1条、腹部侧面各有7条黄色斜纹，自各节前缘下侧向后上方斜伸，止于下体节背侧近后缘；第8腹节背面后缘有1个很长的斜向后方的尾角；气门椭圆形，围气门片黑色（图87-b）。

卵：椭圆形，长1.6毫米，绿色至灰绿色。

蛹：长45毫米左右，深褐色，臀刺锥状。

图87　桃六点天蛾形态

a.成虫　b.幼虫

发生特点

发生代数	在东北和华北北部地区1年发生1代，在华北南部及山东、河南等地发生2代
越冬方式	均以蛹在土壤中越冬
发生规律	在1代发生区，成虫于6月羽化，7月上旬开始出现幼虫，9月幼虫老熟后入土化蛹越冬。在2代发生区，越冬代成虫在5月中旬至6月中旬发生，第1代幼虫5月下旬至7月发生为害，6月下旬开始老熟入土化蛹，第1代成虫7月发生；第2代幼虫从7月下旬开始出现，至9月上旬后开始陆续老熟入土化蛹越冬。成虫产卵多散产在枝干皮缝中，成虫寿命平均5天。卵期7天左右。幼虫食量较大，常暴食叶片。老熟幼虫多在树冠下疏松的土中做土室化蛹，以4～7厘米深处较多
生活习性	成虫昼伏夜出，黄昏开始活动。有趋光性

防治适期　低龄幼虫期喷洒防治。

防治措施

（1）**人工防治**　发芽前深翻树盘，将在土壤中越冬的虫蛹翻至地面，被鸟类啄食或晒干致死。结合农事操作，人工捕杀幼虫。

（2）**诱杀成虫**　结合其他害虫防治，在果园内设置黑光灯或频振式诱虫灯，诱杀成虫。

（3）**适当喷药防治**　桃六点天蛾多为零星发生，一般不需单独喷药防治。个别发生较重果园，在低龄幼虫期及时喷洒药剂，每代幼虫喷药1次即可。常用有效药剂同黄刺蛾有效药剂。

栎掌舟蛾 ••••••••••••••••••••••••••••••

分类地位　栎掌舟蛾（*Phalera assimilis*）属鳞翅目舟蛾科，又称栗舟蛾。

为害特点　低龄幼虫将叶片啃食出孔洞或缺刻，随虫龄增大，逐渐将叶片吃成大缺刻或将叶片吃光。仅残留叶柄，严重影响树势。

形态特征

成虫：头顶淡黄色，触角丝状，雄蛾翅展44～45毫米，雌蛾翅展48～60毫米；胸背前半部黄褐色，后半部灰白色，有2条暗红褐色横线；前翅灰褐色，前缘顶角处有一近似肾形的淡黄色大斑，斑内缘有明显棕色边，基线、内线和外线黑色锯齿状；后翅淡褐色，近外缘有不明显浅色横带。

幼虫：老熟幼虫体长约55毫米，头黑色，体暗红色至黑红色，体被较密的灰白色至黄褐色长毛，有8条橙红色纵线，各体节并有1条橙红色横带；胸足3对，腹足俱全；有的个体纵线橙褐色，体略呈淡黑色（图88）。

图88　栎掌舟蛾幼虫

a.低龄幼虫　b.老龄幼虫

卵：半球形，淡黄色。

蛹：黑褐色，长22 ～ 25毫米。

发生特点

发生代数	1年发生1代
越冬方式	以蛹在树下土壤中越冬
发生规律	翌年6月成虫开始羽化，7月中下旬发生量较多，成虫昼伏夜出，趋光性较强，白天潜伏在树冠内的叶片上，羽化后不久即可交尾、产卵。卵多呈块状，产于叶背，常数百粒单层排列。卵期15天左右。初孵幼虫群集在叶片上为害，常成串排列在枝叶上；中龄后食量大增，逐渐分散为害。8月下旬至9月上旬幼虫陆续老熟，下树入土化蛹，以树下6 ～ 10厘米深土层中较多
生活习性	成虫昼伏夜出，趋光性较强；幼虫受惊时有吐丝下垂习性

防治适期

幼虫下树入土初期在地面用药，幼虫群集为害时喷药为防治。

防治措施

（1）**人工防治**　结合农事操作，在幼虫群集为害期内，及时检查并摘除幼虫叶片，集中深埋或销毁。幼虫分散后，可振动树干，击落幼虫，集中杀死。

（2）**地面用药**　在幼虫下树入土初期，于树下喷洒48%毒死蜱乳油300 ～ 500倍液，将表层土喷湿，然后耙松土表，杀灭下树化蛹越冬幼虫。

（3）**适当树上喷药防治**　栎掌舟蛾多为零星发生，一般不需单独喷药防治。个别往年发生较重果园，在幼虫群集为害时及时喷药为防治关键。常用有效药剂同黄刺蛾有效药剂。

桃剑纹夜蛾 ·······························

分类地位　桃剑纹夜蛾（*Acronycta incretata* Hampson）属鳞翅目夜蛾科，又称苹果剑纹夜蛾。

为害特点　低龄幼虫群集叶背为害，啃食叶下表皮和叶肉，残留上表皮及叶脉，受害叶呈网状；虫龄稍大后逐渐分散为害，将叶片食成缺刻，甚

至将叶片吃光，仅残留叶柄；有时幼虫也可啃食果皮，在果面上呈现不规则的坑洼，影响果品质量。

形态特征

成虫：体长18～22毫米，翅展40～48毫米，触角丝状灰褐色，体表被有较长的鳞毛，体、翅灰褐色；前翅有3条与翅脉平行的黑色剑状纹，基部的1条呈树枝状，端部2条平行，外缘有1列黑点；后翅灰白色，外缘色较深。

幼虫：老熟幼虫体长38～40毫米，头黑色，其余部分灰色略带粉红，体表疏生黑褐色细长毛，毛端黄白色稍弯曲；体背有一条橙黄色纵带，纵带两侧各有2个黑色毛瘤；气门下线灰白色，各节气门线处均有一粉红色毛瘤；胸足黑色，腹足俱全灰褐色。

卵：半球形，直径1.2毫米，白色至污白色。

蛹：体长约20毫米，初为黄褐色，变为棕褐色，有光泽，腹末有8根刺毛，背面2根较大。

发生特点

发生代数	1年发生2代
越冬方式	以蛹在土壤中或树皮缝中越冬
发生规律	成虫5、6月羽化，很不整齐。成虫羽化后不久即可交尾、产卵，卵产于叶面，成虫寿命10～15天。卵期6～8天。5月中下旬出现第1代幼虫，为害至6月下旬逐渐老熟，老熟幼虫吐丝缀叶，在其中结白色薄茧化蛹。7月中旬至8月中旬出现第1代皮虫，7月下旬开始出现第2代幼虫，为害至9月陆续老熟，幼虫老熟后寻找适当场所结茧化蛹，以蛹越冬
生活习性	成虫昼伏夜出，有趋光性

防治适期 各代幼虫发生初期喷药防治。

防治措施

（1）**人工防治** 发芽前刮除粗皮、翘皮，杀灭在树皮缝中的越冬蛹。春季翻耕树盘，将土壤中的越冬蛹翻于地表，被鸟啄食或晒干。

（2）**诱杀成虫** 结合其他害虫防治，在果园内设置黑光灯或频振式诱虫灯，诱杀成虫。

（3）**适当喷药防治**　桃剑纹夜蛾多为零星发生，一般不需单独喷药防治。个别发生较重果园，在各代幼虫发生初期及时喷药防治，每代喷药1次即可。常用有效药剂同黄刺蛾有效药剂。

桃潜叶蛾 ·········

分类地位　桃潜叶蛾［*Lyonetia clerkella*（Linnaeus）］属鳞翅目潜蛾科，又称桃潜蛾。

为害特点　幼虫在叶片内潜食叶肉为害。虫道在叶片内弯曲迂回，幼虫排粪于虫道内，从外面即可看到幼虫所在位置。虫道处叶面表皮初呈苍白色，后变褐枯死。虫多时，一片叶上有多头幼虫为害，弯曲虫道布满整个叶片。严重时，叶片干枯，早期脱落（图89）。

图89　树体严重受害状

形态特征

　　成虫：体长3～4毫米，翅展7～8毫米，身体细长，银白色，头顶生有黄褐色粗毛，触角丝状黄褐色，长过于体；前翅白色，缘毛长，端部有黄色与褐色组成的斑纹，翅尖有一小黑点；后翅灰褐色，后缘缘毛长；腹部黄褐色，被白色鳞毛（图90-a，b）。

　　幼虫：老熟幼虫体长约6毫米，略呈扁念珠状，淡绿色；头小，淡黄褐色；胸足3对，腹足退化（图90-c）。

　　卵：圆球形，直径约0.5毫米，乳白色。

　　蛹：长约4毫米，近似纺锤形，淡绿色，腹末有2个圆锥形突起，外被长椭圆形白色丝质茧（图90-d）。

　　茧：由多条细丝悬挂固定（图90-e）。茧多发生于叶背，有时也可发生在叶正面。

图90 桃潜叶蛾形态

a.夏型成虫 b.冬型成虫 c.幼虫 d.蛹 e.茧

发生特点

发生代数	1年发生6～8代
越冬方式	以蛹在被害叶片上结白色丝质薄茧越冬
发生规律	翌年4月桃树展叶后成虫开始羽化，成虫产卵多为散产，产于叶背面的表皮组织内，卵期5～6天。幼虫孵化后即潜叶为害，幼虫期约20天，老熟幼虫从虫道内钻出，多数在叶背吐丝结茧，有的也可在叶面结茧。蛹期7～8天。在华北果区第1代幼虫发生于5月，较整齐，从第2代开始出现世代重叠，10—11月以末代幼虫于叶片上结茧化蛹越冬。果实采收后，许多果园放弃了病虫害防治，因而常造成后期害虫严重发生，引起早期落叶。
生活习性	成虫白天潜伏于叶背，夜间活动、交尾、产卵

防治适期 第1代幼虫发生初期进行喷药防治。

防治措施

（1）**消灭越冬虫源** 落叶后至发芽前，彻底清除果园内的落叶、杂草，集中烧毁或深埋，并在早春深翻树盘，消灭越冬害虫。

（2）**生长期喷药防治**　关键为抓住第1代幼虫发生初期进行防治，于初孵幼虫发生期喷药效果最好，华北果区约为5月上旬，以后根据虫情发生情况每代还可喷药1次，中早熟品种特别需要注意中后期的药剂防治。常用有效药剂有：25%灭幼脲悬浮剂1 500 ～ 2 000倍液、20%除虫脲悬浮剂1 500 ～ 2 000倍液、5%杀铃脲乳油1 000 ～ 1 500倍液、50克/升氟虫脲可分散液剂1 000 ～ 1 500倍液、5%氟啶脲乳油1 000 ～ 1 500倍液、5%虱螨脲乳油1 000 ～ 1 500倍液、1.8%阿维菌素乳油2 500 ～ 3 000倍液、1%甲氨基阿维菌素苯甲酸盐乳油1 500 ～ 2 000倍液、20%虫酰肼悬浮剂1 000 ～ 1 500倍液、240克/升甲氧虫酰肼悬浮剂1 500 ～ 2 000倍液、35%氯虫苯甲酰胺水分散粒剂5 000 ～ 8 000倍液、20%氟虫双酰胺水分散粒剂3 000 ～ 4 000倍液、10%氟虫双酰胺悬浮剂1 500 ～ 2 000倍液等。

山楂叶螨 ••••••••••••••••••••••••••••••••••••

分类地位　山楂叶螨（*Tetranychus viennensis* Zacher）属蛛形纲真螨总目叶螨科，又称山楂红蜘蛛。

为害特点　幼螨、若螨、成螨多群集在叶片背面刺吸汁液为害，叶脉两侧常有丝网，叶螨即在丝网下刺吸叶片汁液。被害叶片正面出现失绿斑点，斑点多时呈黄绿色至灰白色，甚至受害叶呈黄褐色至红褐色。严重时，叶片焦枯、脱落（图91）。

图91　叶片受害状

a.叶片受害前期　b.叶片受害中期　c.叶片受害后期　d、e.整体受害状

形态特征

成螨：雌成螨椭圆形，长约0.5毫米，宽0.3毫米，深红色，体背前端稍隆起，后部有横向表皮纹，体背两侧各有1个黑斑，刚毛较长，足4对；越冬型鲜红色，夏型深红色（图92-a）。雄成螨体长约0.4毫米，末端尖削，初期浅黄绿色，后变为浅绿色，体背两侧各有1个黑斑（图92-b）。

幼螨：幼螨足3对，黄白色，取食后为淡绿色，体圆形。

若螨：若螨足4对，淡绿色，体背出现刚毛，两侧有山绿色斑纹，老熟若螨体色发红（图92-c）。

卵：圆球形，春季卵橙红色，夏季卵黄白色（图92-d）。

图92 山楂叶螨形态

a.雌成螨 b.雄成螨 c.若螨 d.卵

发生特点

发生代数	1年发生6～10代
越冬方式	以受精雌成螨在果树翘皮下、粗皮裂缝内及树干基部周围的土块缝隙内越冬
发生规律	第二年，果树萌芽期越冬雌成螨开始出蛰，爬到花芽上刺吸为害，展叶后转移到叶背吸食为害。经10余天后，雌成螨在叶背开始产卵，幼螨孵化后群集在叶背刺吸为害，这时越冬雌成螨大部分死亡，而新一代雌成螨还未产卵。这一代发生比较整齐，是药剂防治的最佳时机，以后各代出现世代重叠。6、7月高温干旱季节叶螨繁殖最快，数量最多，达全年为害高峰期。进入雨季后害螨数量有所下降。9月后，逐渐出现越冬型雌成螨，10月害螨几乎全部转入越冬场所。山楂叶螨多从果树内腔（特别是树冠下部的内腔）开始发生，逐渐向树冠外围扩放。主要群集在叶背为害。卵多产在叶背主脉两侧及丝网上。并可孤雌生殖
生活习性	成螨有吐丝结网习性，卵多产于叶背主脉两侧和丝网上。螨量大时，成螨顺丝下垂，随风飘荡，进行传播

防治适期 成虫越冬前在树干上束草把诱杀越冬雌成螨。萌芽前刮除翘皮、粗皮，并集中烧毁，消灭大量越冬虫源。生长季害螨药剂防控须结合螨量监测，可参考该害螨在苹果树上的防治指标，春季平均3～4头/叶，夏季6～8头/叶，当活动螨量达到指标时，须及时喷药防治。

防治措施

（1）**休眠期防治** 萌芽前，适当刮除枝干上的老翘皮，破坏害螨越冬场所。萌芽期，全园喷施铲除性杀螨剂，杀灭越冬雌成螨，以淋洗式喷雾效果最好。常用有效药剂为3～5波美度的石硫合剂或45%固体石硫合剂40～60倍液。

（2）**生长期及时喷药防治**　第1代幼螨发生期及以前是全年防治的关键，应喷药1次，以后根据害螨发生情况确定是否需要喷药，一般当害螨数量开始快速增加时立即喷药。全生长期喷药2～3次即可。常用有效杀螨剂有：1.8%阿维菌素乳油2 500～3 000倍液、15%哒螨灵乳油1 500～2 000倍液、20%四螨嗪悬浮剂1 500～2 000倍液、25%三唑锡可湿性粉剂1 500～2 000倍液、5%噻螨酮乳油1 200～1 500倍液、73%炔螨特乳油2 000～2 500倍液、240克/升螺螨酯悬浮剂4 000～5 000倍液、90%农药用石蜡油250～300倍液等。喷药时必须均匀周到，特别要将药液喷洒到叶片背面。

梨冠网蝽 ●●●

分类地位　梨冠网蝽［*Stephanotis nashi*（Esaki et Takeya）］属半翅目网蝽科，又称梨网蝽、梨花网蝽，俗称军配虫。

为害特点　成虫、若虫在叶背刺吸汁液，被害叶片正面初期呈现苍白色小斑点，后逐渐发展成大片苍白色，叶背布满褐色至黑褐色斑点状虫粪及分泌物。为害严重时，叶片变褐，易干枯脱落，影响树势。

形态特征

成虫：体长3.3～3.5毫米，宽1.6～1.8毫米，体扁平、黑褐色，头小，触角丝状，为体长的1/2；前胸发达，向后延伸盖住小盾片，前胸板两侧有2片圆形环状突起；前胸背面及前翅上布满网状花纹，以两前翅中间接合处的黑褐色X形纹最明显；后翅膜质，白色，透明（图93-a）。

若虫：初孵若虫白色，透明，体长约0.8毫米；二龄若虫腹板黑色；三龄时出现翅芽，前胸、中胸和腹部第3至第8节两侧有明显的锥状刺突，常群集在叶背为害，不太活动；四龄若虫行动活泼；五龄若虫腹部黄褐色，体宽阔、扁平，体长约2毫米，翅芽长约为体长的1/3（图93-b）。

卵：产在叶片背面组织内，外表只能看到黑色斑点，卵长0.4～0.6毫米，椭圆形，一端弯曲，初产时淡绿色，后变淡黄色。

图93　梨冠网蝽形态

a.成虫　b.若虫

发生特点

发生代数	在华北地区1年发生3～4代，在黄河故道4～5代
越冬方式	以成虫潜伏在落叶下、杂草中或树皮裂缝中越冬
发生规律	翌年果树展叶后开始出蛰，先在树冠下部叶片上为害，逐渐扩展到全树。4月下旬至5月上旬为出蛰盛期，出蛰历期45～50天。越冬成虫4月下旬开始产卵，卵产在叶背主脉两侧的组织内，卵期15～20天。若虫孵化盛期在5月下旬。初孵若虫常群集为害，若虫期13～15天。由于越冬成虫出蛰期较长，且成虫寿命较长，所以世代重叠较重。7、8月为全年为害盛期，10月中下旬后成虫寻找适宜场所越冬
生活习性	成虫、若虫多隐匿在叶背面取食，遇惊后即纷纷飞散，初孵若虫行动很迟缓，群集在叶背面，以后逐渐扩展为害

防治适期　越冬成虫出蛰高峰期和第1代若虫孵化高峰期喷药防治。

防治措施

（1）**人工防治**　果树发芽前刮除枝干粗皮、翘皮，清除园内枯枝、落叶及杂草，集中深埋或烧毁，消灭越冬成虫。进入9月中下旬后，在树干上绑缚草把，诱集成虫越冬，落叶后解下草把集中烧毁。

（2）**生长期喷药防治**　越冬成虫出蛰高峰期（4月下旬至5月上旬）和第1代若虫孵化高峰期（5月下旬至6月上旬）是喷药防治的关键。若前期没有控制住梨冠网蝽发生为害，则在害虫发生为害初期喷药即可，重点喷洒叶片背面。效果较好的有效药剂有：48%毒死蜱乳油或水乳剂1 500 ～ 2 000倍液、4.5%高效氯氰菊酯乳油或微乳剂1 500 ～ 2 000倍液、5%高效氯氟氰菊酯乳油或水乳剂3 000 ～ 4 000倍液、20%甲氰菊酯乳油1 500 ～ 2 000倍液、20%氰戊菊酯乳油1 500 ～ 2 000倍液、1.8%阿维菌素乳油2 500 ～ 3 000倍液、1%甲氨基阿维菌素苯甲酸盐乳油2 000 ～ 3 000倍液等。

绿盲蝽 ·····································

分类地位 绿盲蝽 [*Apolygusm lucorum* (Meyer-Dür)] 属半翅目盲蝽科，俗称盲蝽象。

为害特点 被害嫩叶初期产生褐色至黑褐色小点，随叶片生长逐渐发展成穿孔，严重时叶片支离破碎，影响新梢生长（图94）。幼果被害处停止生长，逐渐形成凹陷斑点或斑块，造成果实品质下降或落果。

图94　叶片受害状

形态特征

　　成虫：体长5 ～ 5.5毫米，黄绿色至浅绿色，卵形或椭圆形；复眼棕红色；胸足3对，黄绿色；触角4节，比身体稍短，第2节长为第3、4节之和；前胸背板深绿色；前翅基部革片绿色，端部膜质灰色半透明（图95）。

若虫：若虫体形与成虫相似，初孵时绿色，二龄黄绿色，三龄出现翅芽，四龄翅芽超过第1腹节，五龄后全体鲜绿色，着黑色细毛，触角及足深绿色或褐色，翅芽端部黑绿色。

卵：长椭圆形，稍弯曲，黄绿色，长约1毫米。

图95　绿盲蝽成虫

发生特点

发生代数	由北向南发生代数为3～7代
越冬方式	各地均以受精后的冬型雌成螨在树皮缝内及树干周围的土壤缝隙中潜伏越冬
发生规律	翌年4月上中旬越冬卵开始孵化为若虫，初孵若虫先在花器和嫩叶上为害。第1代发生相对整齐，第2～5代世代重叠严重。5月上中旬出现第1代成虫，进而为害嫩叶和幼果。5月下旬至6月上旬成虫陆续转移至果园以外的寄主植物上为害，秋季有一部分成虫回到果树上产卵越冬。绿盲蝽卵期6～10天，若虫期15～27天，成虫期35～50天
生活习性	成虫喜阴湿，有趋光性，早晨和傍晚比较活跃，受惊扰迅速爬迁，不易发现，多在清晨和夜晚取食为害，且成虫和若虫均具有很强的趋嫩性

防治适期　开花前后是绿盲蝽药剂防控的关键时期，特别是落花后的小幼果期。傍晚或清晨进行药剂防治，在雨水多的季节或地区，应利用短暂晴天的机会，及时防治。

防治措施

（1）**人工防治**　结合冬剪，剪除树上的病残枝、枯死枝，尤其是夏剪剪口部位和蚱蝉产卵枝，集中烧毁，消灭绿盲蝽越冬卵潜藏场所，减少绿盲蝽的越冬基数。发芽前彻底清除果园内及其周围的杂草，集中烧毁，消灭在此越冬的虫卵。发芽前在树干上涂抹粘虫胶环，阻止绿盲蝽爬行上树，并粘杀绿盲蝽。

（2）**发芽前药剂防治**　结合其他害虫防治，在果树发芽前全园喷施1次3～5波美度的石硫合剂或45%固体石硫合剂60～80倍液，杀灭树上越冬虫卵。淋洗式喷雾效果较好。

（3）**生长期及时喷药防治**　开花前后是药剂防治的关键，7～10天1次，需喷药1～2次，以早晨和傍晚喷药效果较好。常用有效药剂有：350克/升吡虫啉悬浮剂4 000～5 000倍液、70%吡虫啉水分散粒剂8 000～10 000倍液、50%吡蚜酮水分散粒剂3 000～4 000倍液、5%啶虫脒乳油1 500～2 000倍液、20%啶虫脒乳油6 000～8 000倍液、1.8%阿维菌素乳油2 500～3 000倍液、48%毒死蜱乳油或40%毒死蜱可湿性粉剂1 200～1 500倍液、52.25%氯氰·毒死蜱乳油2 000～25 000倍液、4.5%高效氯氰菊酯乳油或水乳剂1 500～2 000倍液、5%高效氯氟氰菊酯乳油3 000～4 000倍液、20%甲氰菊酯乳油1 500～2 000倍液等。化学药剂防治最好群防群治，并统一用药，以防止绿盲蝽相互迁飞，影响防治效果。

茶翅蝽

分类地位　茶翅蝽［*Halyomorpha halys*（Stal）］属半翅目蝽科，又称臭木椿象，俗称臭大姐、臭板虫。

为害特点　果实受害，刺吸伤口处组织变硬，停止生长，果肉凹陷，常有胶液流出。膨大期果实受害后多形成凹凸不平的畸形果，甚至早期脱落。近成熟果受害后，受害处果肉干缩、木栓化，果面凹陷，丧失经济价值。嫩梢受害常发生流胶。

形态特征

成虫：扁平椭圆形，茶褐色，体长12～16毫米，宽7～9毫米；口器黑色，很长，先端可达第1腹板；触角5节，第4节两端和第5节基部为黄褐色；前胸背板小盾片和前翅革质部有黑褐色刻点，背板前缘横有4个黄褐色圆点，小盾片基部横列5个小黄斑；腹部两侧各节均有1个黑斑（图96-a）。

若虫：初孵若虫体长约2毫米，近圆形，腹背有黑斑；蜕皮后前胸背板两侧有刺突，腹部各节背面中部有黑斑，各腹节两侧也均有一黑斑；后期若虫渐变为黑褐色，形似成虫（图96-b，c）。

卵：短圆筒形，直径0.7毫米左右，初灰白色，孵化前黑褐色，多20～30粒排成卵块（图96-d）。

图96　茶翅蝽形态

a.成虫　b.若虫　c.若虫及卵壳　d.卵

发生特点

发生代数	1年发生1代
越冬方式	以成虫在屋檐、墙缝、石缝、树洞、草堆等场所越冬
发生规律	翌年5月上旬开始出蛰为害。6月上旬开始产卵，至8月中旬结束。越冬成虫出蛰后平均寿命39天，卵多呈块状产于叶背，每块20～30粒，卵期10～15天。初孵若虫先群集于卵块附近，3～5天分散为害。若虫期平均58天。7月中旬后逐渐出现当年成虫，为害到9月下旬至10月上旬后陆续寻找隐蔽场所越冬
生活习性	成虫清晨不活泼，午后飞翔、交尾

防治适期　越冬成虫出蛰高峰期和若虫孵化高峰期分别喷药防治。

防治措施

　（1）**人工防治**　进入9月后，在果园内的门窗处、房檐下及背风向阳处分散堆放秸秆、柴草，诱集越冬成虫，而后在冬季集中烧毁。另外，在

· 123 ·

果树发芽前，清理果园内的枯枝、落叶，杂草，集中烧毁。结合农事操作，摘除卵块及初孵若虫，集中销毁。

（2）**适当喷药防治**　在越冬成虫出蛰高峰期（5月中下旬）和若虫孵化高峰期（7月上中旬），分别喷洒击倒性强的药剂，杀灭越冬成虫及初孵若虫。在药液中混加有机硅类或展着性强的农药助剂效果更好。效果较好的药剂有：48%毒死蜱乳油1 500倍液、45%马拉硫磷乳油1 200～1 500倍液、40%辛硫磷乳油1 000～1 200倍液、4.5%高效氯氰菊酯乳油1 500～2 000倍液、5%高效氯氟氰菊酯乳油3000～4 000倍液、20%甲氰菊酯乳油1 500～2 000倍液等。

麻皮蝽 ···

分类地位　麻皮蝽［*Erthesina fullo*（Thunberg）］属半翅目蝽科，又称黄斑蝽象，俗称"臭大姐"。

为害特点　成虫和若虫刺吸为害果实，果实受害，刺吸伤口处组织变硬，停止生长，果肉凹陷，常有胶液流出。膨大期果实受害后多形成凹凸不平的畸形果，甚至早期脱落。近成熟果受害后，受害处果肉干缩、木栓化，果面凹陷，丧失经济价值。

形态特征

成虫：体长18～24.5毫米，宽8～11.5毫米，背面黑褐色，密布黑色刻点，由头端至小盾片中部有1条黄白色或黄色细纵脊，前胸背板、小盾片和前翅革质部分有不规则细碎黄色突起斑纹，前翅膜质部黑色；头两侧有黄白色细脊边；触角5节，黑色丝状，第5节基部1/3淡黄白色或黄色（图97-a）。

若虫：若虫5龄，初孵若虫近圆形，胸、腹背面有许多红、黄、黑相间的横纹；二龄若虫腹部背面前段有6个橘红色斑点，后段中间有1个椭圆形褐色突起斑（图97-b）；老龄若虫与成虫相似，体长16～22毫米，无翅，红褐色至黑褐色；触角4节，第4节基部黄白色；前胸背板中部及小盾片两侧有6个淡红色斑点，腹背中部具3个暗色斑，其上各有淡红色臭腺孔2个（图97-c）。

卵：近鼓状，有顶盖，灰白色，数粒至数十粒排成不规则块状（图97-d）。

图97　麻皮蝽形态

a.成虫　b.低龄若虫　c.高龄若虫　d.卵

发生特点

发生代数	1年发生1代
越冬方式	成虫在树洞、裂皮缝、草丛、枯枝落叶下及墙缝、土缝、石缝、屋檐下等处越冬
发生规律	翌年多从4月开始出蛰，出蛰盛期在5月中下旬。成虫5—7月交配，6月开始产卵于叶背。卵期10多天。6月中下旬孵化出若虫，初孵若虫常群集在卵块附近，经过一段时间后逐渐分散为害。8月中旬为成虫盛发期，9月下旬后开始寻找越冬场所隐蔽越冬
生活习性	成虫飞行能力强，有假死性，受惊扰时分泌臭液

防治适期　在成虫出蛰期及若虫孵化盛期喷药防治。

防治措施

（1）**人工防治**　9月上旬后在桃园内设置秸秆、草把，诱集越冬成虫，深冬后集中烧毁。果树萌芽前，彻底清除果园内的落叶、杂草，并刮除枝干粗翘皮，集中烧毁。结合农事操作，摘除卵块及初孵若虫，集中销毁。

（2）**果园内适当喷药**　麻皮蝽发生严重的果园，首先在成虫出蛰期喷药，防止越冬成虫进园，大面积果园也可只喷洒果园周边，7～10天1次，连喷2～3次；其次，在若虫孵化盛期及时喷药防治，7～10天1次，连喷1～2次。效果较好的药剂有：48%毒死蜱乳油或40%毒死蜱可湿性粉剂1 200～1 500倍液、40%杀螟硫磷乳油1 200～15 00倍液、40%辛硫磷乳油1 000～1 200倍液、80%敌敌畏乳油1 000～1 200倍液、52.25%氯氰.毒死蜱乳油1 500～2 000倍液、4.5%高效氯氰菊酯乳油或水乳剂1 500～2 000倍液、5%高效氯氟氰菊酯乳油3 000～4 000倍液、2.5%溴氰菊酯乳油1 500～2 000倍液等。麻皮蝽飞翔能力较强。大面积同时防治才能收到较好的防治效果。该类害虫体表蜡质层较厚，喷药时必须选用速效性好、击倒力强的药剂。另外，若在药液中混加有机硅类或石蜡油类农药助剂，可显著提高杀虫效果。

桃蚜 ••

分类地位　桃蚜 [*Myzus persicae*（Sulzer）] 属半翅目蚜科，又称烟蚜、桃赤蚜，俗称蚜虫、腻虫、蜜虫。

桃蚜

为害特点　成虫、若虫群集在嫩梢及芽、叶上刺吸汁液为害。被害叶片向背面不规则扭曲、皱缩，新梢、嫩叶生长受阻，叶片变黄，严重时叶片干枯（图98）。同时，桃蚜分泌大量蜜露，导致煤污病发生。

形态特征

成虫：有翅胎生雌蚜体长1.6～2.1毫米，翅展6.6毫米，头、胸部、腹管及尾片均为黑色，体绿色、黄绿色、红褐色等，额瘤明显；触角6节，第3节上有圆形次生感觉孔9～11个；翅透明、淡黄色，腹管细长、圆筒形。无翅胎生雌蚜体肥大，长1.4～2.6毫米，宽1.1毫米，绿色、黄绿色或红褐色，头、胸部黑色，复眼暗红色；触角6节，以第3节至第6节为长；腹管细长，尾片与腹管等长（图99）。

图98　桃蚜为害状

a.为害叶丛初期　b.嫩梢受害状　c.顶梢受害状
d.枝条受害状　e.整株受害状　f.早期落叶

若虫：若蚜近似无翅胎生雌蚜，仅体较小，淡红色；有翅若蚜胸部发达，具翅芽（图99）。

卵：长椭圆形，长约0.7毫米，初产时淡绿色，后变为黑色，有光泽。

图99　桃蚜若虫与成虫

发生特点

发生代数	1年发生10～20代
越冬方式	以卵在寄主的芽腋、枝梢、枝杈及枝条裂缝处越冬
发生规律	第二年果树发芽时，越冬卵开始孵化，向后群集在芽上为害和繁殖（孤雌胎生）。当新梢嫩叶展开后，则群集叶背面为害、繁殖，导致叶片向背面卷缩，并排泄蜜液污染枝梢、叶面，抑制新梢生长。5月桃蚜繁殖最盛，为害最重，而后开始产生有翅胎生雌蚜，并迁飞到蔬菜、烟草、马铃薯、棉花等植物上侨居为害。10月有翅蚜回飞到果树上，产生有性蚜，交配后产卵越冬。春季干旱有利于桃蚜发生
生活习性	桃蚜发生与温度、湿度及树体营养状况关系密切。一般冬季温暖、春暖早且雨水均匀的年份有利于大发生，高温、高湿不利于其发生。桃树施氮肥过多或生长不良均有利于蚜虫发生为害

防治适期

在果树发芽前及果树开花前后喷药防治。

防治措施

（1）**保护和利用天敌**　利用天敌控制是防治蚜虫的好方法，既经济有效，又生态环保。果园内的自然天敌有瓢虫、草蛉、食蚜蝇、蚜茧蜂等，需要加以保护和利用。不要在天敌活动高峰期喷洒广谱性杀虫剂。

（2）**休眠期防治**　在果树发芽前喷洒药剂，杀灭越冬虫卵。有效药剂有3～5波美度石硫合剂、45%晶体石硫合剂40～60倍液、99%农药用石蜡油100～200倍液等。石蜡油对天敌安全，是无公害果品生产的很好选择。

（3）**生长期药剂防治**　果树开花前后喷药是桃蚜药剂防治的关键。首先在果树发芽后开花前喷药1次，然后再从落花后立即开始喷药，10天左右1次，连喷2次左右，具体喷药次数根据蚜虫发生情况确定。常用有效药剂有：70%吡虫啉水分散粒剂8 000 ～ 10 000倍液、350克/升吡虫啉悬浮剂4 000 ～ 6 000倍液、10%吡虫啉可湿性粉剂1 500 ～ 2 000倍液、5%啶虫脒乳油2 000 ～ 2 500倍液、20%啶虫脒可溶性粉剂6 000 ～ 8 000倍液、25%吡蚜酮可湿性粉剂2 000 ～ 2 500倍液、10%烯啶虫胺可溶性液剂2 000 ～ 2 500倍液、10%烟碱乳油1 000 ～ 1 200倍液、0.5%苦参碱水剂500 ～ 600倍液等。

桃粉蚜

分类地位　桃粉蚜（*Hyalopterus arundimis* Fabricius）属半翅目蚜科，又称桃粉大尾蚜、桃大尾蚜。

为害特点　受害叶片失绿、加厚，向背面卷曲。叶背布满白色蜡粉，严重时白色蜡粉散落在果实表面；同时，桃粉蚜分泌的黏液易引发煤污病为害。受害嫩梢生长缓慢，严重时嫩梢枯焦，叶片早落。

形态特征

　　成虫：有翅胎生雌蚜体长2 ～ 2.1毫米，翅展6.6毫米左右，头、胸部暗黄色至黑色，腹部背面深绿色，体表被有白色蜡粉，触角丝状6节，腹管管状，基部1/3收缩，尾片大，有6根长毛。无翅胎生雌蚜体长2.3 ～ 2.5毫米，淡绿色，被有白色蜡粉，腹管短小、黑色，尾片比腹管长，圆锥形（图100，图101）。

图100　有翅胎生雌蚜、无翅胎生雌蚜及若蚜

图101　桃粉蚜群集在嫩梢上为害

幼虫：若虫体小，似无翅胎生雌蚜，体绿色，被有白粉。有翅若蚜胸部发达，具翅芽。

卵：椭圆形，长约0.6毫米，初产时淡黄绿色，后变黑色。

发生特点

发生代数	在北方果区1年发生10多代，在南方发生20代左右
越冬方式	均以卵在果树枝条的芽腋、裂缝及短枝杈处越冬，尤以枝梢部位最多
发生规律	第二年果树萌芽时，越冬卵开始孵化，产生无翅胎生雌蚜，群集于嫩梢、叶背进行为害，并胎生繁殖。5月繁殖最盛，为害最重。而后产生有翅胎生雌蚜，迁飞到禾本科植物上侨居为害。6月以后在桃、李、杏上不易发现桃粉蚜。10月后有翅雌蚜迁回果树上，产生有性蚜，交尾后产卵越冬，桃粉蚜自然天敌种类和数量较多，防治该虫为害时注意保护和利用天敌
生活习性	桃粉蚜发生与温度、湿度及树体营养状况关系密切。一般冬季温暖、春暖早且雨水均匀的年份有利于大发生，高温、高湿不利于其发生。桃树施氮肥过多或生长不良均有利于桃粉蚜发生为害

防治适期 在果树发芽前、萌芽后开花前、落花后喷药防治。

防治措施

（1）**保护和利用天敌** 果园内桃粉蚜的捕食性和寄生性天敌种类很多，如瓢虫、草蛉、食蚜蝇、蚜茧蜂等，它们对桃粉蚜发生为害的控制作用很大，应当加以保护利用。在天敌大量发生时期，避免使用广谱性杀虫剂，并尽量减少用药次数。

（2）**药剂防治** 首先在果树发芽前全园喷洒1次铲除性杀虫剂，杀灭越冬虫卵；然后在萌芽后开花前喷药1次；落花后再次开始喷药，10天左右1次，连喷2次左右，具体次数根据桃粉蚜发生为害情况确定。常用有效药剂同桃蚜防治的有效药剂。

桃瘤蚜

分类地位 桃瘤蚜 [*Tuberocephalus momonis*（Matsumura）] 属半翅目蚜科，又称桃瘤头蚜、桃纵卷瘤蚜。

为害特点 受害叶片从边缘向背面纵卷，叶片扭曲畸形，在卷叶内为害、繁殖。被害处组织增厚，凹凸不平，呈淡绿色或紫红色。严重时，全叶卷曲，呈绳状，最后干枯、脱落（图102）。

图102　叶片受害状

形态特征

　　成虫：有翅胎生雌蚜体长1.8毫米，翅展5.1毫米，淡黄褐色，头、胸部黑色，额瘤明显，腹管圆柱形，尾片较腹管短；触角6节，第3节有圆形次生感觉孔19～30个，第4节有4～10个，第5节有0～2个。无翅胎生雌蚜体长2.1毫米左右，淡黄褐色至深绿色，头黑色，腹部背面有黑色斑纹，额瘤、腹管、尾片同有翅胎生雌蚜；触角6节，第3节后半部及第6节呈覆瓦状。

　　若虫：若蚜与无翅胎生雌蚜相似，体较小，淡绿色，头部及腹管深绿色；有翅若蚜胸部发达，具翅芽（图103-a）。

　　卵：椭圆形，黑色（图103-b）。

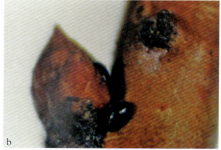

图103　桃瘤蚜形态

a.越冬卵孵化的若蚜　b.越冬卵

发生特点

发生代数	在北方果区1年发生10多代，在南方果区发生代数更多，在江西可发生30多代
越冬方式	均以卵在桃树、樱桃等枝条的芽腋处越冬
发生规律	第二年桃树发芽后卵开始孵化，爬至嫩叶背面刺吸为害，刺激叶片从叶缘向背卷曲，群集在卷叶内为害、繁殖。5、6月繁殖最快，为害最重。而后产生有翅蚜迁飞至夏季寄主上侨居为害。10月又回迁到桃树上，产生有性蚜，交尾后产卵越冬。毛桃上发生较重，栽培桃上发生较轻
生活习性	桃瘤蚜发生与温度、湿度及树体营养状况关系密切。一般冬季温暖、春暖早且雨水均匀的年份有利于其大发生，高温、高湿不利于其发生。桃树施氮肥过多或生长不良均有利于桃瘤蚜发生为害

防治适期 在桃树发芽前、落花后至卷叶前喷药防治。

防治措施

（1）**保护和利用天敌** 桃瘤蚜的天敌种类很多，如草蛉、瓢虫、食蚜蝇、蚜茧蜂等，它们对桃瘤蚜的发生为害具有很好的控制作用，应当加以保护和利用。在果园内间作豆科植物，可提高自然天敌对桃瘤蚜的控制作用。另外，尽量避免使用广谱性杀虫剂，并尽量降低杀虫剂喷施次数。

（2）**药剂防治** 首先在桃树发芽前全园喷洒1次铲除性杀虫剂，杀灭越冬虫卵；然后在落花后至卷叶前喷药，10天左右1次，连喷2次左右。常用有效药剂同桃蚜防治的有效药剂。

日本龟蜡蚧 ·····

分类地位 日本龟蜡蚧（*Ceroplastes japonicas* Guaind）属半翅目蜡蚧科，又称枣龟蜡蚧，俗称介壳虫、树虱子。

为害特点 若虫和雌成虫多在小枝和叶片上刺吸汁液，造成树势衰弱，严重时导致枝条枯死。同时，介壳虫排泄蜜露，常诱使煤污病发生，影响叶片光合作用（图104）。

图104 日本龟蜡蚧群集在枝条上为害

形态特征

成虫：雌成虫体长2.2～4毫米；扁椭圆形，近产卵时半球形，虫体紫红色，背覆一层白色蜡状物（介壳）；介壳扁椭圆形，长4～5毫米，中央突起，表面有龟甲状纹；足3对，细小，腹部末端有产卵孔和排泄孔（图105-a）。越冬前蜡壳周围有8个明显的小型突起。雄成虫体长1.5毫米，淡红色，有翅1对，透明，具明显的两大主脉（图105-b）。

若虫：初孵若虫体较小，扁平，椭圆形，紫褐色，固定为害12～24小时开始分泌蜡丝，7～10天形成蜡壳，蜡壳周围有13个排列均匀的蜡芒，呈星芒状，头部蜡芒较大，尾部蜡芒较小；三龄后雌若虫介壳上出现龟形纹，雄若虫介壳为长椭圆形。

卵：椭圆形，长约0.2毫米，产于雌介壳虫体下，初产时淡橙黄色，近孵化时紫红色。

图105 日本龟蜡蚧形态
a.雌成虫 b.越冬前的雌成虫

发生特点

发生代数	1年发生1代
越冬方式	以受精雌成虫在一至二年生枝条上越冬

（续）

发生规律	翌年果树萌芽期开始刺吸为害，虫体逐渐膨大，成熟后产卵于腹下（介壳下）。5月底至6月初开始产卵，每头雌虫产卵1 200 ~ 2 000粒。产卵后母体收缩，干死在介壳内。卵期20 ~ 30天。6月底至7月初为孵化盛期。初孵若虫从介壳下爬出后分散至叶片及小枝上为害，常有相对"群集性"，固定为害后开始分泌蜡质，未披蜡的若虫可被风吹传播，约14天后形成较完整的星芒状蜡质介壳。8月下旬至9月上旬雄成虫开始羽化，9月中下旬为羽化盛期，雄成虫寿命3天左右，有多次交尾习性，雌雄交尾后雄虫死亡，雌虫继续为害，一段时间后从叶上转移到枝条上越冬
生活习性	初孵若有具有一定的群集性；雄成虫具有多次交尾的习性

防治适期 在第1代若虫孵化后的分散为害前（形成星芒状蜡介前）喷药防治。

防治措施

（1）**消灭越冬虫源** 结合修剪，剪除越冬虫量较多的枝条，集中烧毁。而后在果树萌芽初期喷施1次铲除性药剂，杀灭残余越冬雌虫。效果较好的药剂有：3 ~ 5波美度石硫合剂、45%晶体石硫合剂40 ~ 60倍液等。

（2）**生长期喷药防治** 越冬代成虫残余存活较多时，在第1代若虫孵化后的分散为害期（形成星芒状蜡介前）喷药效果最佳，1次用药即可有效控制该虫发生为害。效果较好的有效药剂有：48%毒死蜱乳油1 200 ~ 1 500倍液、40%毒死蜱可湿性粉剂1 000 ~ 1 500倍液、25%噻嗪酮可湿性粉剂1 000 ~ 1 200倍液、52.25%氯氰·毒死蜱乳油1 500 ~ 2 000倍液、20%甲氰菊酯乳油1 500 ~ 2 000倍液等。喷药应均匀周到，淋洗式喷雾效果最好。

桑介壳虫

分类地位 桑介壳虫 [*Pseudaulacaspis pentagona*（Targioni-Tozzetti）] 属半翅目盾蚧科，又称桑白蚧、桑盾蚧、桃介壳虫。

为害特点 成虫（雌虫）、若虫群集固着在枝干、枝条上吸食汁液，严重时枝干被虫体覆盖呈灰白色。新生枝受害，常形成局部坏死斑。成熟枝受害，被害枝条生长不良，树势生长衰弱，严重时造成叶片脱落、枯枝，甚至死树。果实受害，形成稍凹陷的淡红色斑点，影响果品质量。

形态特征

成虫：成虫雌雄异型。雌成虫无翅，体长0.9～1.2毫米，淡黄色至橙黄色；介壳近圆形，直径2～2.5毫米，灰白色至黄褐色，背面有螺旋纹，中间稍隆起，壳点黄褐色，偏向一侧（图106-a）。雄成虫有翅，体长0.6～0.7毫米，翅展约1.8毫米，灰白色，只有1对前翅，后翅退化为平衡棒；介壳细长，长1.2～1.5毫米，白色（图106-b）。

幼虫：初孵若虫淡黄褐色，扁椭圆形，长约0.3毫米，眼、触角、足俱全，腹部末端有2根尾毛；二龄后触角、足、尾毛退化，并逐渐形成介壳。

卵：椭圆形，长0.25～0.3毫米，初产时为粉红色，渐变为黄褐色，孵化前变为橘红色。

蛹：仅雄虫有蛹，长椭圆形，长约0.7毫米，橙黄色。

 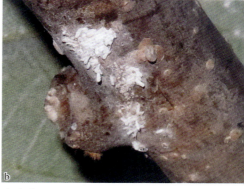

图106　桑介壳虫介壳

a.雌介壳　b.雄介壳

发生特点

发生代数	在华北地区一年发生2代，在山东省一年发生2～3代，在浙江省一年发生3代，在广东省一年发生5代
越冬方式	均以受精雌成虫在二年生以上的枝条上群集越冬

（续）

发生规律	翌年果树萌芽时，越冬成虫开始吸食为害，虫体随之膨大。4月下旬开始于介壳下产卵，5月中旬为产卵盛期，每个雌虫产卵250～300粒。卵期9～15天，5月上旬开始孵化，5月中下旬为孵化盛期。初孵若虫分散爬行至二至五生枝条上为害，7～10天后找到适宜位置即固定不动，并开始分泌蜡丝，逐渐形成介壳。第1代若虫40～50天，主要发生在5—6月，7月上中旬为第1代成虫发生盛期，成虫继续产卵于介壳下，卵期10天左右。第2代若虫30～40天，主要发生在8月，9月出现雄成虫，雌雄交尾后雄虫死亡，雌虫继续为害至9月下旬，之后开始越冬
生活习性	春季气温越高的年份，为害越重

防治适期　初孵若虫开始分散至固定为害前喷药防治，有些果园8月还需喷药1次。

防治措施

（1）**休眠期防治**　枝干上越冬介壳虫较多时，果树萌芽前可用硬毛刷或钢丝刷刷灭越冬雌虫。冬剪时，尽量剪除虫体较多的小枝及辅养枝，清除越冬雌虫。然后在萌芽期全园喷洒铲除性药剂，杀灭越冬虫源。效果较好的药剂有：3～5波美度石硫合剂、45%晶体石硫合剂40～60倍液等。

（2）**生长期喷药防治**　关键为喷药时期，初孵若虫开始分散至固定为害前喷药效果最好，北方果区主要为5月中下旬，严重果园需连喷2次，间隔期5～7天。有些果园8月还需喷药1次，防治第2代若虫。常用有效药剂有：48%毒死蜱乳油1 200～1 500倍液、40%毒死蜱可湿性粉剂1 000～1 500倍液、5%噻嗪酮可湿性粉剂1 000～1 200倍液、90%农药用石蜡油300～400倍液、25%吡蚜酮可湿性粉剂1 500～2 000倍液等。如在药液中混加有机硅类或石蜡油类农药助剂，可显著提高杀虫效果。喷药时必须均匀周到，淋洗式喷雾效果最好。

朝鲜球坚蚧 ···

分类地位　朝鲜球坚蚧 [*Didesmococcus koreanus* Brochs（Kuwana）] 属半翅目蚧科，又称朝鲜球蚧、桃球蚧、杏球蚧。

为害特点　二龄以后若虫群集固定在枝条上，随若虫的生长，虫体逐渐膨大，并分泌蜡壳；早春为害虫体迅速膨大时，常分泌黏液于介壳外。受害枝条发育不良，易发生流胶，导致树势衰弱。严重时，造成枝条枯死、植株死亡。

形态特征

成虫：雌成虫无翅，介壳半球形，横径约4.5毫米，高约3.5毫米；初期介壳质软，黄褐色；后期硬化，红褐色至黑褐色，略有光泽，尾端稍突出，有一纵裂缝，背面有2列凹陷小点（图107）。雄虫介壳长椭圆形，背面白色，有龟甲状隆起。雄成虫有1对翅、透明，头部赤褐色，腹部淡褐色，末端有1对尾毛和根性刺。

图107　朝鲜球坚蚧雌成虫介壳

若虫：若虫长椭圆形，淡褐色至粉红色，被有白粉；越冬若虫背上有龟甲状纹，深褐色。

卵：椭圆形，橙黄色，长约0.3毫米，近孵化时显出红色眼点。

发生特点

发生代数	1年发生1代
越冬方式	以二龄若虫群集在枝条裂缝及芽痕处越冬
发生规律	翌年果树萌芽期开始活动，寻找为害部位固着，吸食枝条汁液。虫体逐渐膨大，并排泄黏液。华北果区4月中旬雌雄分化，4月下旬至5月上旬雌雄交尾。交尾后的雌成虫虫体迅速膨大，5月中旬前后于介壳下产卵，每个雌虫产卵千余粒，卵期7天左右。5月下旬至6月上旬为孵化盛期，初孵若虫从母体介壳下爬出，分散到小枝上为害，以二年生枝条上较多。果树落叶前转移寻找越冬场所越冬

防治适期

（1）**休眠期防治**　果树萌芽期全园喷药。

（2）**生长期防治**　初孵若虫从母体介壳下爬出至扩散为害期喷药防治。

防治措施

（1）**休眠期防治**　果树萌芽期，全园喷施1次铲除性杀虫剂，消灭越冬虫源。淋洗式喷雾效果最好。常用有效药剂有：3～5波美度石硫合剂、45%晶体石硫合剂40～60倍液等。

（2）**生长期防治**　首先在成虫产卵前，用抹布或戴上劳动布手套将枝条上的雌虫介壳抹掉，消灭雌成虫。然后在若虫孵化后分散期（华北地区为5月中旬至6月上旬，最好通过调查雌成虫介壳下虫情确定）喷药防治，5～7天1次，连喷1～2次。常用有效药剂及喷药技术要求同桑介壳虫。

（3）**保护和利用天敌防治**　黑缘红瓢虫对朝鲜球坚蚧发生为害有很好的控制作用，应加以保护和利用（图108）。

图108　黑缘红瓢虫幼虫取食朝鲜球坚蚧

草履蚧

分类地位　草履蚧［*Drosicha corpulenta*（Kuwana）］属半翅目硕蚧科，又称草履硕蚧、草鞋蚧。

为害特点　主干、主枝及枝条上均有发生，虫体可任意爬行（图109），后期雌成虫可分泌白色絮状物。受害树树势衰弱，叶片生长不良，严重时早期落叶。

图109　在树干基部群集为害

形态特征

　　成虫：成虫雌雄异型。雌成虫扁椭圆形，似鞋底状，长约10毫米，无翅，灰褐色至红褐色，四周颜色较淡，背面隆起，有横褶皱和纵沟，被白色蜡粉，没有介壳；触角丝状，9节，较短；胸足发达，3对，被有细毛。雄成虫体长5～6毫米，翅展9～11毫米，头、胸黑色，腹部深紫红色，没有介壳；有1对黑色翅（前翅），前缘略红，后翅特化为平衡棒；触角念珠状，10节，黑色，略短于体长（图110-a）。

　　若虫：若虫与雌成虫相似，体型小，色较深。雄蛹褐色，圆筒形，长5～6毫米，翅芽1对达第2腹节（图110-b）。

　　卵：椭圆形，长1～1.2毫米，淡黄褐色，数十粒至百余粒产于卵囊内。卵囊长椭圆形，白色绵状。

图110　草履蚧形态

a.雌成虫　b.若虫

发生特点

发生代数	1年发生1代
越冬方式	以卵或初孵若虫在树干基部附近的土内越冬
发生规律	越冬卵2月开始孵化，初孵若虫暂停居在卵囊内。果树发芽时若虫开始出土，沿树干向树上爬行，在树皮缝、树枝分杈处及嫩枝、嫩芽上刺吸汁液。若天气寒冷，傍晚下树钻入土缝处潜伏（图111），第二天再上树活动为害。4、5月是为害盛期。雄虫老熟后在树皮缝或土缝处结茧化蛹，5月上中旬羽化出成虫，雌雄交尾后雄虫死亡。雌成虫再为害一段时间后陆续下树钻入树干周围的土中，做卵囊产卵。卵在卵囊内越夏、越冬
生活习性	天气寒冷，傍晚下树钻入土缝处潜伏，第二天再上树活动为害

图111　群集于土壤缝隙

防治适期　草履蚧发生危害严重的果园，在若虫上树为害初期，是药剂防控的关键时期。

防治措施

（1）**人工防治**　在若虫出土上树前，于树干下部涂抹粘虫胶环，阻杀若虫上树。虫量大时，每天中午前用蘸有药剂的刷子把黏附在胶环上的虫体划掉。也可在树干下部捆绑开口向下的塑料裙，阻止若虫上树。

（2）**药剂防治**　果园虫量较大时，在若虫开始上树阶段用药剂喷洒树干及树干周围土壤，将土壤表层喷湿。喷洒48%毒死蜱乳油500～600倍液、22.4%螺虫乙酯悬浮剂3 000～5 000倍、2.5%溴氰菊酯乳油2 000倍液或10%吡虫啉1 000～1 500倍液等效果较好。

红蜡蚧 ●●●●●●●●●●●●●●●●●●●●●●●●●●●●●●●●●●●●

分类地位　红蜡蚧［*Ceroplastes rubens*（Maskell）］属半翅目蜡蚧科。

为害特点　若虫和成虫刺吸汁液，削弱树势，严重时造成枝条枯死。另外，若虫和成虫均可排泄蜜露，常诱发煤污病发生，影响叶片光合作用。

形态特征

成虫：雌成虫椭圆形，体长3～4毫米，高约2.5毫米，背面覆盖较厚的蜡壳，呈半球形，初为深玫瑰红色，随虫体成熟逐渐变为紫红色，边缘向上翻起呈瓣状，顶部似脐状凹陷，有4条白色蜡带，从腹面卷向背面。雄成虫体长1毫米，翅展2.4毫米，暗红色，复眼及口器黑色，仅有前翅1对，白色半透明。

若虫：若虫扁平椭圆形，前端略宽，暗红色，体表被白色蜡质，且随虫龄增大蜡质增厚。

卵：椭圆形，淡红色，长0.3毫米，两端稍细。

茧：雄蛹椭圆形，长1.2毫米，淡黄色。雄茧椭圆形，长1.5毫米，暗紫红色。

发生特点

发生代数	1年发生1代
越冬方式	以受精雌成虫越冬
发生规律	翌年果树萌芽期开始刺吸为害，虫体逐渐增大。我国中南部果区5月下旬至6月上旬越冬雌成虫产卵于体下，6月上中旬若虫孵化，初孵若虫从母体介壳下爬出，分散至叶片、嫩枝上刺吸为害，固定后2～3天开始分泌白色蜡质，随虫龄增大，分泌物也逐渐加厚。光线较强的外围枝条上虫量较多，树冠内膛枝叶上较少。雄若虫为害至8月上中旬化蛹，8月中旬至9月上旬羽化出成虫，雌雄交尾后雄成虫死亡。雌若虫为害期60～80天，8月下旬至9月上旬成熟，雌雄交尾后越冬

防治适期

萌芽期及若虫孵化盛期至分散为害期（虫体被蜡壳覆盖前）及时喷药。

防治措施

（1）**农业防治**　结合修剪，剪除虫量较多的枝条，集中烧毁。加强肥水管理，培强树势，促进树势恢复。

（2）**萌芽期喷药防治**　结合其他介壳虫类害虫的防治，在果树萌芽期喷施1次铲除性药剂，杀灭越冬雌成虫。效果较好的有效药剂有：3～5波美度石硫合剂、45%晶体石硫合剂50～70倍液等。

（3）**生长期及时喷药**　红蜡蚧生长期防治的关键是在若虫孵化盛期至分散为害期（虫体被蜡壳覆盖前）及时喷药，1次用药即可。常用有效药剂及喷药技术要求同桑介壳虫。

桃小绿叶蝉 ···

分类地位　桃小绿叶蝉 [*Empoasca flavescens*（Fabricius）] 属半翅目叶蝉科，又称小绿叶蝉、桃叶蝉、桃小浮尘子。

为害特点　受害叶片正面产生许多黄白色小斑点，虫量大时斑点连片，叶面呈苍白色。严重时，叶片早期脱落，导致树势衰弱。

形态特征

成虫：淡绿色至绿色，体长3.3～3.7毫米，头顶中央有一小黑点，复眼灰褐色至深褐色，无单眼，触角刚毛状；前胸背板、小盾片浅鲜绿色，常具白色斑点；前翅略带黄绿色，半透明，略呈革质；后翅膜质透明。

若虫：淡绿色，体长2.5～3.5毫米，与成虫相似，具翅芽，复眼红色。初孵若虫透明。

卵：乳白色，长椭圆形，长约0.6毫米，略弯曲，一端稍尖。

发生特点

发生代数	在华北、西北1年发生4～6代，在浙江9～11代，在广东12～13代
越冬方式	以成虫在落叶、树皮缝、枯草及低矮的绿色植物上越冬

发生规律	翌春果树发芽后成虫开始出蛰，迁飞到嫩叶上刺吸为害，取食一段时间后交尾产卵。卵散产于叶背主脉内，以近基部较多。卵期5～10天，若虫期8～19天，成虫寿命约1个月左右。完成1个世代40～50天。5月下旬为第1代若虫孵化盛期，第1代成虫始发于6月上旬，第2代成虫始发于7月上旬，以后各代发生不整齐，世代重叠明显。7—9月为发生盛期，果园内虫量最多，为害也最重。秋后以末代成虫越冬。成虫善跳，可借风力扩散，旬均气温15～25℃适其生长发育，28℃以上或遇连阴雨天气虫口密度下降
生活习性	若虫、成虫白天活动，喜群集于叶背为害或栖息，受惊时很快爬行或飞动

防治适期　　在越冬成虫出蛰高峰期、第1代若虫孵化高峰期及以后害虫集中为害盛期喷药防治。

防治措施

　　（1）**搞好果园卫生**　　果树萌芽前，适当刮除枝干粗皮、翘皮。然后清除果园内枯枝、落叶、杂草，集中烧毁或深埋，消灭越冬成虫。

　　（2）**生长期喷药防治**　　在越冬成虫出蛰高峰期（4月下旬至5月上旬）、第1代若虫孵化高峰期（5月下旬至6月上旬）及以后害虫集中为害盛期树上喷药，重点喷洒叶片背面，以傍晚喷药效果较好。常用有效药剂有：25％噻嗪酮可湿性粉剂1 200～1 500倍液、25％噻虫嗪水分散粒剂1 500～2 000倍液、70％吡虫啉水分散粒剂10 000～12 000倍液、350克/升吡虫啉悬浮剂4 000～6 000倍液、10％吡虫啉可湿性粉剂1 500～2 000倍液、5％啶虫脒乳油2 000～2 500倍液、50％吡蚜酮水分散粒剂2 000～3 000倍液、2％阿维菌素乳油2 500～3 000倍液、4.5％高效氯氰菊酯乳油1 500～2 000倍液及5％高效氯氟氰菊酯乳油3 000～4 000倍液等。

斑衣蜡蝉

分类地位　　斑衣蜡蝉 [*Lycorma delicatula*（White）] 属半翅目蜡蝉科，俗称红娘子。

为害特点　　枝条、叶片甚至果实均可受害，导致树势衰弱，严重时引起树皮枯裂、枝条流胶，甚至造成枝条枯死。另外，其排泄物常诱使煤污病发生，影响叶片光合作用。

成虫：体长15～20毫米，翅展39～56毫米，暗灰色，体、翅上常覆盖有白蜡粉，头顶向上翘起呈短角状；触角刚毛状，3节，基部红色、膨大；前翅革质，基部2/3淡灰褐色，散生20余个黑点，端部1/3黑色，脉纹色淡；后翅基部1/3红色，生有6～10个黑褐色斑点，中部白色半透明，端部黑色（图112-a）。

若虫：若虫与成虫相似，体扁平，头尖长，足长；一至三龄体黑色，生有许多白色斑点（图112-b）；四龄体背红色，生有黑色斑纹和白点，翅芽明显（图112-c）；老熟时体长6.5～7毫米。

卵：长椭圆形，长约3毫米，形似麦粒，成行排列，数列成块，每块有卵数十粒，上覆灰色土状分泌物（图112-d）。

图112　斑衣蜡蝉形态
a.成虫　b.低龄若虫　c.四龄若虫　d.卵块及卵粒

发生特点

发生代数	1年发生1代
越冬方式	以卵块在枝干表面越冬
发生规律	翌年4、5月陆续孵化，若虫喜群集嫩茎和叶背为害，若虫期约60天，共4龄。羽化期为6月下旬至7月，8月开始交尾、产卵。卵呈块状产于枝干或分杈处的阴面，以卵越冬。成虫以跳助飞，寿命长达4个月，为害至10月下旬陆续死亡
生活习性	成虫、若虫均有群集性，多白天活动为害，较活泼，善于跳跃，受惊扰即跳离。成虫以跳助飞

防治适期 低龄幼虫期喷药防治。

防治措施

（1）加强栽培管理 果园附近最好不要种植臭椿等斑衣蜡蝉的喜食寄主植物，以减少虫源。结合修剪及农事管理，剪除或消灭越冬卵块。

（2）适当喷药防治 斑衣蜡蝉多为零星发生，一般果园不需单独喷药防治。个别发生较重果园，在低龄幼虫期（5月）喷药1次即可控制该虫发生为害。效果较好的有效药剂有：48%毒死蜱乳油1 200 ～ 1 500倍液、40%马拉硫磷乳油1 200 ～ 1 500倍液、40%辛硫磷乳油1 000 ～ 1 200倍液、4.5%高效氯氰菊酯乳油或水乳剂1 500 ～ 2 000倍液、2.5%高效氯氟氰菊酯乳油或水乳剂1 500 ～ 2 000倍液、20%甲氰菊酯乳油1 500 ～ 2 000倍液等。

大青叶蝉 ....

分类地位 大青叶蝉 [*Cicadella viridis* (Linnaeus)] 属半翅目叶蝉科，俗称大绿浮尘子。

为害特点 成虫、若虫在枝条及叶片上刺吸汁液，影响枝条生长并削弱树势。雌成虫产卵时，用其锯状产卵器刺破枝条表皮，在皮下产卵，使产卵处呈月牙状翘起，严重时枝条遍体鳞伤。经冬季低温和春季干旱，枝条失水，造成抽条，导致枝条干枯或幼树枯死。一至三年生枝条或幼树受害最重，是苗木和幼树的重要害虫之一。

形态特征

成虫：体长7～10毫米，青绿色，头黄褐色，头顶有2个黑点，单眼2个，红色，触角刚毛状；前胸前缘黄绿色，其余部分深绿色；前翅绿色、革质，端部色淡近半透明；前翅反面、后翅和腹背均黑色，腹背两侧和腹面橙黄色；足黄白色至橙黄色，跗节3节。

若虫：若虫体与成虫相似（图113），共5龄。初龄灰白色；二龄淡灰微带黄绿色；三龄后灰黄绿色，胸腹背面有4条褐色纵纹，从三龄开始出现翅芽；老熟若虫体长6～8毫米。

卵：长卵圆形，微弯曲，一端较尖，长约1.6毫米，乳白色至黄白色，数粒整齐排列。

图113　大青叶蝉若虫

发生特点

发生代数	在北方1年发生3代，在河北以南各省份1年发生3代
越冬方式	以卵在树木枝条表皮下越冬
发生规律	翌年4月孵化出若虫。若虫孵化后即转移到杂草、农作物及蔬菜上为害、繁殖，若虫期30～50天。第1代成虫发生期约为5月下旬至7月上旬，第2代成虫从7月开始出现，第3代成虫从9月开始出现。各代发生不整齐，世代重叠。第3代成虫在晚秋转移到果树及其他林木上为害，并在果树及林木枝条上产卵、越冬。果园内间作白菜、萝卜、胡萝卜、甘薯等多汁作物时，果树受害较重；果园内杂草丛生，果树受害也重
生活习性	成虫有趋光性，产卵时用产卵器将表皮刺破成月牙形伤口，将卵产于其中，6～12粒，排列整齐，产卵处植物表皮呈肾形突起

防治适期　在果树发芽前喷洒1次铲除性杀虫剂。虫量发生较多时，于10月上中旬成虫产卵前及时喷药防治。

防治措施

（1）**合理间作**　幼树果园不要间作白菜、萝卜、胡萝卜、甘薯等多汁晚熟作物，如已间作这些作物，应在9月底以前收获，切断大青叶蝉向果树上转移的桥梁。

（2）**人工防治**　幼树果园在越冬前主干涂白，阻止成虫产卵。涂白剂配方为：生石灰∶粗盐∶石硫合剂∶水＝25∶4∶（1～2）∶70，也可加入少量杀虫剂。另外，及时清除果园内杂草，最好在杂草种子成熟前将其翻于树下，充作肥料。

（3）**发芽前喷药**　果树上越冬卵量较多时，结合其他害虫防治在果树发芽前喷洒1次铲除性杀虫剂，杀灭越冬卵，压低越冬虫量。以淋洗式喷雾效果最好。效果较好的有效药剂有：3～5波美度石硫合剂、45%晶体石硫合剂50～70倍液、48%毒死蜱乳油800～1 000倍液等。

（4）**生长期适当喷药**　幼树果园或山地果园在虫量发生较多时，于10月上中旬成虫产卵前及时喷药防治成虫，喷药1次即可，并注意喷洒于果园周围及果园内的杂草上。效果较好的有效药剂有：48%毒死蜱乳油1 000～1 500倍液、40%马拉硫磷乳油1 000～1 200倍液、4.5%高效氯氰菊酯乳油1 500～2 000倍液、5%高效氯氟氰菊酯乳油3 000～4 000倍液等。

梅下毛瘿螨 ·····································

分类地位　梅下毛瘿螨 [*Acalitus phloeocoptes*（Nalepa）] 属蛛形纲蜱螨目瘿螨科。

为害特点　由于瘿螨的为害刺激，芽孢初变黄褐色，芽尖略红，鳞片增多膨大，质地变软，包被不紧。以后芽苞周围芽丛不断增多，形成大小不等的刺状瘿瘤，一个瘿瘤内常有多个芽丛，瘿螨在幼嫩的鳞片间隙为害（图114）。晚期瘿瘤变褐，质地变脆，用手触压容易破碎。瘿瘤形成后多年不易枯死。瘿瘤直径多为1～2厘米，在一些大枝及主干上最大可达8.3厘米。受害

图114　芽苞受害状

严重枝条瘿瘤密集，导致树势衰弱，枝叶稀疏，发芽晚，开花少，结果量少，甚至植株枯死。

形态特征

成虫：雌成螨体长180～231.6微米，无色，蠕虫形；喙长19.9微米，斜下伸，侧面观分三节，呈台阶状；背盾板光滑，似等腰三角形；背毛20微米，斜后指；足1对，长20微米，无股节刚毛；大体背环呈弓形，背、腹环数相近，有侧毛1对，腹毛3对。

若虫：若螨体形与成螨相似，但略小，刚孵化时为白色，半透明。

卵：椭圆形，长33.7～56.7微米，无色至橄榄色。

发生特点

发生代数	一年发生10余代
越冬方式	主要以抱卵雌成螨在瘿瘤活芽内和芽丛中部的鳞片内越冬
发生规律	在甘肃地区翌年4月中下旬平均气温达10℃以上，杏树开花时开始产卵，5月上中旬为产卵高峰。在17～20℃条件下，卵期4～6天，若螨期5～6天，成螨期3～4天，完成1代需12～16天。1年发生10代以上，世代重叠较重。一年中有3次为害高峰，分别为5月上旬、6月上旬、7月下旬。近距离传播主要靠成螨的爬动，远距离传播依靠昆虫及人类活动（如苗木、接穗的调运）等。老果园及管理粗放果园发生较重，幼树园及精细管理果园受害较轻
生活习性	成螨在晴天中午从瘿瘤内爬出，在瘿瘤及其附近的枝条上爬行、扩散，侵入刚形成的芽苞内为害，特别是雨后中午爬行数量最多

防治适期 幼果期喷药防治。

防治措施

（1）**消灭越冬虫源** 结合修剪，剪除带瘿瘤枝条或刮除瘿瘤，消灭或破坏瘿螨越冬场所。往年受害较重果园，在萌芽期喷洒1次铲除性药剂，有效杀灭在受害芽内越冬的瘿螨，效果较好的药剂有：3～5波美度石硫合剂、45%晶体石硫合剂50～70倍液等。

（2）**生长期喷药防治** 往年瘿螨发生较重的果园，在幼果期喷药1次即可；个别受害严重果园，1个月后再喷药1次，即可有效控制瘿螨的发生为害。效果较好的有效药剂有：1.8%阿维菌素乳油2 000～3 000倍液、73%炔螨特乳油2 500～3 000倍液、20%四螨嗪悬浮剂2 000～2 500倍液、15%哒螨灵乳油1 500～2 000倍液等。喷药时必须细致、均匀、周到，采用淋洗式喷雾效果更好。

桃红颈天牛 ···

分类地位　桃红颈天牛（*Aromia bungii Faldermann*）属鞘翅目天牛科，俗称红脖子老牛、钻木虫、铁泡虫。

桃红颈天牛

为害特点　幼虫在枝干的皮层下和木质部中蛀食为害，于内部蛀成弯曲的隧道，隔一段距离向外蛀一排粪孔，由此排出红褐色粪便及木屑，堆积于枝干上或地面，造成皮层脱落，枝干中空，树势衰弱，甚至植株枯死。

形态特征

成虫：体长28～37毫米、宽8～10毫米，黑色，有光泽；前胸背板棕红色，宽大于长，两侧各有一刺突，前、后缘黑色，并稍紧缩；触角和足黑色，雄虫触角远长于身体，雌虫触角与身体约等长；前翅鞘质，黑色，肩部较宽，向端部渐窄，具细微刻点（图115）。

幼虫：老熟幼虫体长42～50毫米，黄白色，前胸背板横长方形，前缘黄褐色，中后部色淡，有纵皱纹。

卵：长椭圆形，长约1.5毫米，乳白色。

图115　桃红颈天牛成虫

蛹：淡黄白色，羽化前变为黑色，长26～36毫米，前胸两侧和前缘中央各有1个突起。

发生特点

发生代数	2～3年发生1代
越冬方式	以幼虫在枝干蛀道内越冬

（续）

发生规律	翌年树液开始流动后越冬幼虫开始活动为害。4—6月间老熟幼虫用分泌物黏结粪便、木屑在蛀道内结茧化蛹，蛹期20～30天。6、7月成虫羽化，在蛹室中停留3～5天后出洞，再经2～3天后交配。每头雌虫产卵40～50粒，卵期7～9天。初孵幼虫先在树皮下蛀食，逐渐蛀入韧皮部与木质部间为害，虫体长到30毫米后蛀入木质部为害，由上向下蛀食成弯曲虫道。幼虫期23～35个月
生活习性	成虫白天活动，于枝干树皮缝隙中产卵，以近地面35厘米范围内较多

防治适期 成虫产卵前，在主干、主枝上涂抹涂白剂防治。

防治措施

（1）**人工防治** 在成虫发生期（6、7月），利用成虫午间静息枝条的习性进行人工捕杀，特别在雨后晴天时成虫最多。结合果园管理，经常检查枝干，发现新鲜粪便后用铁丝从最新排粪孔中钩刺幼虫。及时清除被害的死枝、死树，集中烧毁，消灭内部害虫。

（2）**树干涂白** 成虫产卵前，在主干、主枝上涂抹涂白剂，防止成虫产卵。涂白剂配方为：硫黄：生石灰：食盐：水＝1：10：0.2：40。若在涂白剂中混加适量触杀性杀虫剂，效果更好。

（3）**虫道用药** 发现新鲜排粪孔后，将孔口处的粪便、木屑清除干净，然后塞入56%磷化铝片剂1/4～1/3片，再用黄泥将所有排粪孔封闭，熏蒸杀虫。也可在虫道内塞入"毒签"。还可向虫道内注入80%敌敌畏乳油10～20倍液，而后封闭孔口。

蚱蝉

分类地位 蚱蝉（*Cryptotympana atrata*）属半翅目蝉科，俗称知了、秋蝉、黑蝉。

为害特点 成虫产卵时，用锯状产卵器刺破一年生枝条的表皮和木质部，于伤口处产卵，表皮呈斜线状翘起，随即被害枝条逐渐枯死（图116）。另外，成虫还可刺吸嫩枝汁液，幼虫在土中刺吸根部汁液，导致树势衰弱。

图116 蚱蝉产卵枝枯死状

形态特征

　　成虫：体长44～48毫米，翅展约125毫米，体黑色，有光泽，被黄褐色稀疏绒毛，复眼大，黑色，单眼3个，黄褐色，排成三角形，触角刚毛状；中胸发达，背部隆起，背板有2个红褐色锥形斑；翅透明，翅脉黄褐色至黑色；雄虫腹部第1、2节腹面有2个耳形片状发音器，雌虫腹部末端有发达的锯状产卵器（图117-a）。

　　若虫：若虫老熟时体长约35毫米，黄褐色，体壁较坚硬；前足发达，适于掘土，称为开掘足；前胸背板缩小，中胸背板膨大，胸部两侧有发达的翅芽（图117-b）。蜕皮后发育为成虫。

　　卵：梭形，腹面稍弯曲，乳白色，长约2.5毫米（图117-c）。

图117 蚱蝉形态

a.成虫 b.若虫 c.枝条内的卵

发生特点

发生代数	4 ~ 5年完成1代
越冬方式	以卵在枝条上和若虫在土壤中越冬
发生规律	越冬卵孵化后若虫钻入土中，在土中刺吸树木根部汁液生活；秋后转移至深层土中越冬，翌年春暖时节又回到浅土层中取食。若虫老熟后，多于6月开始从土中钻出。出土前先在土表掘一小孔，待傍晚时钻出。若虫出土后多爬到树木枝干上，于第二天清晨羽化为成虫。初羽化成虫乳白色，翅柔软，2 ~ 3小时后翅全部展开，虫体变黑。每次降雨后或果园灌水后均有大量若虫出土。成虫寿命60 ~ 70天。7月下旬成虫开始产卵，8月为产卵盛期。卵多产在直径为4 ~ 5毫米的当年生枝条上，1个产卵枝条呈螺旋状排列有多个产卵槽，每一产卵槽内产卵6 ~ 8粒，斜竖排列。枝条被产卵后，很快枯萎。卵即在枝条内越冬，翌年6月孵化
生活习性	成虫趋光性很强，飞翔能力强

防治适期　成虫盛发期为防治适期。

防治措施

　　（1）**人工防治**　结合修剪，彻底剪除产卵枝条，集中烧毁，或用于人工繁养。由于成虫飞翔能力强，且为4 ~ 5年完成1代，所以该项措施必须连续多年大范围协同防治才能收到明显效果。另外，在若虫出土盛期或降雨后，每天傍晚在树下捕杀若虫。

　　（2）**堆火诱杀**　在成虫盛发期，于夜晚在树木空旷地点火，然后摇动树干，利用成虫趋光性进行诱杀。

黑绒鳃金龟 ●●●●●●●●●●●●●●●●●●●●●●●●●●●●●●●●●●

分类地位　黑绒鳃金龟（*Maladera orientalis* Motschulsky）属鞘翅目鳃金龟科，又称黑绒金龟、黑玛绒金龟、东方金龟子。

为害特点　成虫食害花芽、花蕾、嫩叶等，将叶片、花瓣食成缺刻或孔洞，将花器啃食成残缺不全，影响开花坐果，严重发生时将全株叶片、花芽吃光，幼树受害较重。另外，幼虫在地下为害根部组织，导致树势衰弱。

形态特征

　　成虫：椭圆形，棕褐色至黑褐色，体长6～9毫米，宽3.5～5.5毫米，密被灰黑色绒毛，略具光泽，触角9节，鳃叶状；前胸背板较宽，约为长的2倍；鞘翅上有9条纵刻点沟，密布绒毛，呈天鹅绒状；臀板三角形，宽大有刻点；腹部光滑；前足胫节外缘2齿，跗节下有刚毛；后足胫节狭厚，跗节下无刚毛（图118）。

　　幼虫：乳白色至黄白色，体长14～16毫米，头部黄褐色，体表被有黄褐色细毛。

图118　黑绒鳃金龟成虫

　　卵：椭圆形，长约1.2毫米，初乳白色渐变灰白色。

　　蛹：长8～9毫米，初黄色，后变黑褐色。

发生特点

发生代数	1年发生1代
越冬方式	以成虫在土壤中越冬
发生规律	翌年4月成虫开始出土，4月下旬至6月中旬进入盛发期，以雨后出土数量较多。5—7月交尾产卵，卵多产在10厘米深土层内，卵期10天左右。成虫出土后即上树为害花芽、嫩叶、花蕾及花器。成虫寿命70～80天。幼虫孵化后，在土壤中以腐殖质和植物嫩根为食，幼虫期70～100天，老熟后在20～30厘米土层中做土室化蛹。蛹期约10天，成虫羽化后在土中越冬
生活习性	成虫在傍晚上树取食为害，觅偶交配，夜间气温下降后又潜入土中，成虫飞翔力强，有趋光性和假死性，振动树枝即落地假死不动

防治适期　成虫发生期的傍晚进行振树捕杀，或成虫发生期内（开花前后）给树冠喷药防治。

防治措施

　　（1）人工防治　利用成虫的假死性和趋光性，在成虫发生期的傍晚进行振树捕杀；或在果园内设置黑光灯或频振式诱虫灯，诱杀成虫。

（2）**地面药剂防治** 利用成虫傍晚上树、深夜入土的习性，在成虫发生期内进行地面用药，毒杀成虫。一般每亩使用15%毒死蜱颗粒剂0.5～1千克或5%辛硫磷颗粒剂2～3千克，均匀撒施于地面，然后浅耙表层土壤；或使用50%辛硫磷乳油300～400倍液或48%毒死蜱乳油500～600倍液，均匀喷洒地面，将表层土壤喷湿，然后耙松表土层。

（3）**适当树上喷药** 害虫发生严重果园，在成虫发生期内（开花前后）树冠喷药，以傍晚喷药效果较好，且应选用击倒力强的触杀型安全性杀虫剂。效果较好的药剂有：48%毒死蜱乳油1 200～1 500倍液、50%辛硫磷乳油1 000～1 200倍液、50%马拉硫磷乳油1 000～1 200倍液、4.5%高效氯氰菊酯乳油1 500～2 000倍液、2.5%高效氯氟氰菊酯乳油1 500～2 000倍液、52.25%氯氰•毒死蜱乳油1 500～2 000倍液等。如果树冠喷药与地面用药相结合，效果更好。

小青花金龟

分类地位 小青花金龟（*Oxycetonia jucunda* Faldermann）属鞘翅目花金龟科，又称小青花潜、银点花金龟、小青金龟子。

为害特点 成虫为害嫩芽、花蕾、幼叶、花器及果实等。将嫩芽食成缺刻或吃光，影响发芽；将花蕾咬成孔洞，将花瓣食成缺刻或吃光，将花蕊吃光，影响坐果；将嫩叶食成缺刻或孔洞；将近成熟果食成孔洞，丧失经济价值。另外，幼虫在土中还可为害根系组织，导致树势衰弱。

形态特征

成虫：长椭圆形稍扁，长11～16毫米，宽6～9毫米，暗绿色、绿色、古铜色微红及黑褐色，体色变化较大；胸部背面和前翅密被黄色绒毛及刻点，并有灰白色或白色绒斑；头部黑色，触角鳃叶状、黑色；前胸背板半椭圆形，前缘窄、后缘宽，小盾片三角形；鞘翅狭长，侧缘肩部外凸；腹面黑褐色，密生黄色短绒毛；臀板宽短，近半圆形，具4个白绒斑横列；足黑色（图119）。

幼虫：幼虫体长32～36毫米，头宽2.9～3.2毫米，身体弯曲，乳白色，头部棕褐色或暗褐色，上颚黑褐色，臀节肛腹片后部生长短刺状刚毛，胸足发达，腹足退化。

卵：椭圆形，长约1.7毫米，初乳白色渐变淡黄色。

蛹：长14毫米，初淡黄白色，后变橙黄色。

图119 小青花金龟成虫

发生特点

发生代数	1年发生1代
越冬方式	以成虫在土壤中越冬，或以老熟幼虫在土壤中越冬
发生规律	以幼虫越冬者于早春化蛹、羽化。果树开花期出现成虫，4月上旬至6月上旬为成虫发生期，5月上中旬进入盛期。成虫先为害桃、李、杏、樱桃等早花果树的花器、芽及嫩叶，然后逐渐转移到苹果、梨等果树上为害。成虫5月开始产卵，持续至6月上中旬，卵散产于土中、杂草或落叶下。幼虫孵化后先以腐殖质为食，长大后为害根部，老熟后在浅土层中化蛹。成虫羽化后不出土，即在土中越冬
生活习性	成虫白天活动，尤以中午前后气温高时活动旺盛，有群集为害习性，飞行力强，具假死性，夜间入土潜伏或在树上过夜，经取食后交尾、产卵

防治适期 果树花蕾期树上喷药防治。

防治措施

（1）**人工防治** 利用成虫早晨不太活动及具有假死性的习性，早晨振树捕杀。

（2）**适当喷药防治** 成虫发生量较大的果园，在果树花蕾期树上喷药防治，以早晨喷药效果最佳。效果较好的有效药剂同黑绒鳃金龟树上喷洒药剂。

参考文献
REFERENCES

黄丽丽, 康振生, 罗志萍, 1993. 桃缩叶病组织的光学和电子显微镜观察[J]. 西北农林科技大学学报(自然科学版)(S2): 29-32+127-128.

刘保财, 陈菁瑛, 张武君, 等, 2023. 福建太子参紫纹羽病病原鉴定及其生物学特性[J]. 中国中药杂志, 48 (1): 45-51.

吕佩珂, 庞震, 刘文珍, 等, 2002. 中国果树病虫原色图谱[M]. 北京: 华夏出版社.

潘新龙, 周聪, 寸海春, 等, 2022. 云南苹果白纹羽病原菌的分离与鉴定[J]. 中国南方果树, 51 (3): 166-170.

秦双林, 刘冰, 邓国辉, 等, 2015. 江西永修县凤凰山桃实腐病病原鉴定[J]. 中国南方果树, 44 (2): 87-89.

周扬, 2021. 中国桃疮痂病菌遗传多样性、侵染过程、抗药性及早期检测技术研究[D]. 武汉: 华中农业大学.

Pitaksin C, Sutasinee N, Natthawee M, et al, 2023. *Tranzschelia discolor* as the Causal Agent of Rust on Nectarine, Peach and Japanese Plum in Highland Areas of Northern Thailand [J]. Plant disease.

图书在版编目（CIP）数据

桃病虫害绿色防控彩色图谱／全国农业技术推广服务中心组编；闫文涛，王丽主编．—北京：中国农业出版社，2023.11

（扫码看视频·病虫害绿色防控系列）
ISBN 978－7－109－31002－5

Ⅰ．①桃… Ⅱ．①全…②闫…③王… Ⅲ．①桃－病虫害防治－无污染技术－图谱 Ⅳ．①S436.621-64

中国国家版本馆CIP数据核字（2023）第150146号

桃病虫害绿色防控彩色图谱
TAO BINGCHONGHAI LÜSE FANGKONG CAISE TUPU

中国农业出版社出版
地址：北京市朝阳区麦子店街18号楼
邮编：100125
责任编辑：国　圆　郭晨茜
版式设计：王　晨　责任校对：吴丽婷　责任印制：王　宏
印刷：北京通州皇家印刷厂
版次：2023年11月第1版
印次：2023年11月北京第1次印刷
发行：新华书店北京发行所
开本：880毫米×1230毫米　1/32
印张：5.25
字数：150千字
定价：36.00元